U0617311

高等职业院校汽车类专业系列教材

新能源汽车电力电子技术

XINNENG YUAN QICHE DIANLI DIANZI JISHU

主　编　李　磊

副主编　苏　帆　马付屹　孟小杰

参　编　张雪艳　张世伟　何海永

西安电子科技大学出版社

内 容 简 介

本书由学校教师和企业技术骨干按照国家高等职业学校专业教学标准要求和课程标准要求联合编写。全书以项目化的方式组织内容，方便教师开展教学。书中内容符合企业岗位需求、学生技能大赛规程、1+X 职业技能等级认证标准、创新创业和科学研究要求，具体包含常用基础元件、电子元器件及其测量，新能源汽车检测仪器及维修工具，高压电基础，高压安全防护，高压安全检测，汽车电路识读等内容。

本书内容丰富，实践性强，可作为高等职业院校新能源汽车技术及相关专业的教材，也可作为新能源汽车相关领域的工程技术人员、管理人员及维修人员的参考资料。

图书在版编目(CIP)数据

新能源汽车电力电子技术 / 李磊主编. -- 西安：西安电子科技
大学出版社, 2025.8. -- ISBN 978-7-5606-7716-3

I. U469.7

中国国家版本馆 CIP 数据核字第 20250TB934 号

策　　划　李鹏飞　刘　杰
责任编辑　李鹏飞
出版发行　西安电子科技大学出版社(西安市太白南路 2 号)
电　　话　(029)88202421　88201467　　邮　　编　710071
网　　址　www.xduph.com　　　　　　电子邮箱　xdupfxb001@163.com
经　　销　新华书店
印刷单位　咸阳华盛印务有限责任公司
版　　次　2025 年 8 月第 1 版　　　　　2025 年 8 月第 1 次印刷
开　　本　787 毫米×1092 毫米　1/16　　印　张　16.5
字　　数　392 千字
定　　价　45.00 元

ISBN 978-7-5606-7716-3

XDUP 8017001-1

*** 如有印装问题可调换 ***

前　言

《新能源汽车产业发展规划(2021—2035 年)》指出，到 2025 年，新能源汽车新车销售量将达到汽车新车销售总量的 20%左右。到 2035 年，纯电动汽车成为新销售车辆的主流，公共领域用车全面电动化，燃料电池汽车实现商业化应用，高度自动驾驶汽车实现规模化应用，有效促进节能减排水平和社会运行效率的提升。

由于国家政策的支持，新能源汽车得到了快速发展。与之相应，新能源汽车产业将需要大量的技术人才。而加强高等职业教育人才培养是满足产业需求的基本措施之一。"新能源汽车电力电子技术"是高等职业院校新能源汽车技术专业的核心课程，它与本专业其他核心课程有着紧密的联系，是一门应用性很强的专业课程。为满足该课程教学改革的迫切需求，我们组织和新能源汽车相关的教学和产业领域的一线学者、专家编写了本书。本书以项目化的方式进行编排，按照"调研与论证典型工作岗位—定位人才培养目标—分析典型工作任务与职业能力—解构与重构知识—模块化教学内容"的基本思路构建内容。书中内容围绕新能源汽车电力电子技术、高压安全展开，素材来源于教学资源包以及生产实际。考虑到"互联网+""1+X"职业技能等级证书考核和职业技能大赛等的需求，本书提供了配套的数字化教学资源，为教学的开展提供了较大的选择空间，实现了课证融通、课赛融通、课岗融通、课创融通等。

全书的六个项目内容如下：

项目一为常用基础元件、电子元器件及测量，介绍了电学基础知识以及电阻器、电容器、电感、二极管等元器件的特点和测量方法。

项目二为新能源汽车检测仪器及维修工具，介绍了常用绝缘工具、龙门举升机及电池拆装举升机，并介绍了低电阻测试仪(毫欧表)、示波器等工具的使用方法。

项目三为高压电基础，介绍了高压电故障的危害与人体安全电压、新能源汽车高压零部件的识别、高压安全法规要求。

项目四为高压安全防护，介绍了高压车间安全管理、个人安全防护用品、高压危害与触电急救操作等。

项目五为高压安全检测，介绍了高压中止、车辆高压安全指标测试、新能源汽车高压线束安全测试等知识。

项目六为汽车电路图识读，介绍了汽车电路图认知和汽车电路的识读方法。

上海交通职业技术学院李磊担任本书主编；郑州旅游职业学院苏帆、马付屹、孟小杰担任副主编；郑州旅游职业学院张雪艳、张世伟，宇通客车股份有限公司何海永参与了编写。具体分工：李磊编写项目一的任务五、项目三的任务三、项目四的任务一、项目六的任务二；苏帆编写项目五的任务一～三和项目六的任务一；马付屹编写项目一的任务一～四；孟小杰编写项目三的任务一、二；张雪艳编写项目四的任务二、三；张世伟编写项目二的任务二～四；何海永编写项目二的任务一。

本书在编写过程中得到了比亚迪汽车、理想汽车、宇通客车股份有限公司、行云新能科技(深圳)有限公司、浙江高联电子设备有限公司等企业的技术支持，在此一并表示感谢。

由于编者水平有限，书中难免存在不足之处，敬请读者批评指正。

编 者

2025 年 4 月

目　录

项目一　常用基础元件、电子元器件及测量

姓名		班级		日期	

任务一　电学基础知识

 ## 任务目标

知识与技能目标

✓　了解常规电学参数的定义和特性。

✓　掌握欧姆定律的内容和公式。

✓　具有搭建欧姆定律电路和测量计算的能力。

✓　具有使用欧姆定律分析和验证电路的能力。

过程与目标方法

✓　具备从多途径的信息源中检索专业知识的能力。

✓　获得分析问题和解决问题的一些基本方法。

✓　尝试多元化思考解决问题的方法，形成创新意识。

✓　能充分运用所学的知识解决实训问题，具备较强的应用意识和实践能力。

✓　可积极主动地与小组成员交流、讨论学习成果，取长补短，完成自我提升。

情感、态度和价值观目标

✓　在操作过程中树立电路安全意识。

✓　树立团队协作意识。

✓　通过探究的过程，进一步熟悉欧姆定律，学会科学分析和处理实验数据的方法以及总结物理规律的方法。

✓　体验探究过程中的快乐，感受科学家得出欧姆定律的不易，学习科学家为科学艰苦奋斗的精神。

项目一　常用基础元件、电子元器件及测量

姓名		班级		日期	

 ## 任务导入

在电路理论中，元件的伏安关系式称为元件的约束方程，是各元件电压、电流必须遵守的规律，伏安关系表征了元件本身的性质，如电阻元件的电压、电流的伏安关系需满足欧姆定律的规定。

串联与并联

 ## 任务书

_____是一名新能源汽车维修学员。新能源汽车维修工班_____组接到了学习电学基础知识的任务，班长根据作业任务对班组人员进行了合理分工，同时强调了学习电学基础知识的重要性。_____接到任务后，按照操作注意事项和操作要点进行电学基础知识的学习。

 ## 任务分组

班级		组号		指导老师	
组长		学号			
组员	姓名：　　　　学号： 姓名：　　　　学号： 姓名：　　　　学号： 姓名：　　　　学号：		姓名：　　　　学号： 姓名：　　　　学号： 姓名：　　　　学号： 姓名：　　　　学号：		
任 务 分 工					

 ## 获取信息

一、电学参数的基本特性

1. 电荷

电荷为物体或构成物体的质点所带的具有正电或负电的粒子，带正电的粒子叫正电荷(表示符号为"+")，带负电的粒子叫负电荷(表示符号为"－")。

项目一　常用基础元件、电子元器件及测量

姓名		班级		日期	

电荷的量称为电荷量。在国际单位制里，电荷量的符号以 Q 表示，单位是 C(库仑，简称"库")。

同种电荷互相排斥，异种电荷互相吸引。电荷的特性如图 1-1-1 所示。

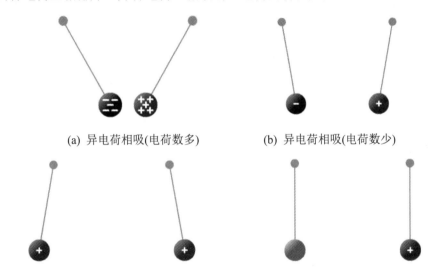

(a) 异电荷相吸(电荷数多)　　　　(b) 异电荷相吸(电荷数少)

(c) 同电荷相斥　　　　(d) 无作用力(一侧电荷为 0)

图 1-1-1　电荷的特性

2. 蓄电池

蓄电池(Storage Battery)是将化学能直接转化成电能的一种装置，是一种可再充电的电池，通过可逆的化学反应实现再充电。在新能源汽车中，蓄电池通常是指电压为 12 V 的铅酸蓄电池和电压为数百伏的高压动力蓄电池。蓄电池具有正极和负极两个接线端子，电流流出的电极电位(或称为电势)较高，为正极，与负极相对。铅酸蓄电池如图 1-1-2 所示。

图 1-1-2　12 V 铅酸蓄电池

项目一　常用基础元件、电子元器件及测量

姓名		班级		日期	

3. 电流和电压

1) 定义

电源的一端含有过量电子(负极)，而另一端则缺乏电子(正极)。在负极与正极之间有一种电子补偿趋势，即两极连接起来时电子由负极流向正极，这种电子补偿趋势称作电压，也称作电势差或电位差。电压的方向规定为从高电位指向低电位的方向。电压的国际单位为伏特(V，简称伏)。

电磁学上把单位时间里通过导体任一横截面的电量叫作电流强度，简称电流。电流符号为 I，单位是安培(A)，简称为"安"。

2) 直流与交流电压

如果电压的大小及方向都不随时间变化，则称之为直流电压，用大写字母 U 表示。图 1-1-3 所示为电路中提供直流电压的直流电源的电路符号。

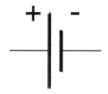

图 1-1-3　直流电源的电路符号

如果电压的大小及方向随时间变化，则称之为交流电压。在电路分析中，一种最为重要的交流电压是正弦交流电压，其大小及方向均随时间按正弦规律作周期性变化。交流电压的瞬时值用小写字母 u 或 $u(t)$ 表示。

3) 直流与交流电流

电学上规定，正电荷流动的方向为电流方向，如图 1-1-4(a)所示。在电源的外部，电流的方向是从电源正极出发，经用电器回到电源负极。在电源的内部，电子的流动方向是从电源负极流向正极，如图 1-1-4(b)所示。

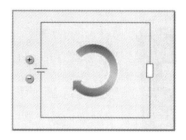
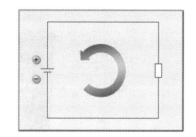

(a) 电流方向　　　　　　　　　　　(b) 电子流动方向

图 1-1-4　电流的方向

项目一　常用基础元件、电子元器件及测量

姓名		班级		日期	

　　直流电流(DC)是指大小和方向都不随时间变化的电流。交流电流(AC)是指电流方向和电流值均以周期方式变化的电流，其电流方向呈周期性改变，且变化规律通常符合正弦函数，所以常用正弦波表示一个完整波形的循环过程，如图 1-1-5(a)所示。通常使用频率来计量每秒的循环次数，其单位是赫［兹］(Hz)。还有一种矩形波交流电流，但电流振幅保持不变，但方向呈周期性变化，如图 1-1-5(b)所示。在本书中，随时间变化而变化的所有交流电流都用 i 表示，直流电流都用 I 表示。

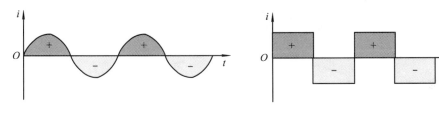

(a) 正弦波交流电流　　　　　　　　　　(b) 矩形波交流电流

图 1-1-5　交流电流

　　4) 电压降

　　电荷在电路中流动时，会释放自身所携带的能量，这些能量将被电路及电路中所连接的元件吸收。为衡量电荷在电路中释放能量的能力，引入了电压降的概念。电流流过含有电阻的电路时，在每一小段都会产生电压降。它体现了电荷流经该小段时电能释放或被元件吸收的情况。电压降也可以称为电位差。电位是一个相对概念，需借助参考点确定，通常将某一点的电位定义为零电位，电路中任一点相对于该参考点的电压即该点的电位 U。两任意点之间的电位差同时是这两点间的电压降。为准确评估元件的供电情况，常在电路带负载时测量电压降。因为当电路存在接触电阻时，电流通过接触电阻会产生额外热量，导致电压降增大。通过测量各部分电压降并与正常情况对比，能及时发现接触电阻过大等问题，从而保障电路稳定运行。

4. 电阻器

　　电阻器在电路中作为元件使用，一般直接称为电阻。

　　阻值不能改变的称为固定电阻器，阻值可变的称为电位器或可变电阻器。电阻在电路中通常起分压、分流的作用。电阻通常用符号 R 表示(如果同时也表示电阻大小，则用斜体 R 表示)。电阻的基本单位是欧姆，用希腊字母"Ω"表示。图 1-1-6 为基本电阻的电路图符号。

图 1-1-6　基本电阻的电路图符号

项目一　常用基础元件、电子元器件及测量

姓名		班级		日期	

　　薄膜电阻是在陶瓷管上添加了一层由碳、金属氧化物或金属构成的薄膜。由于电阻尺寸通常很小且电阻值不标出或很难看清电阻值，因此通常用色环来表示电阻值。标准系列薄膜电阻通常有 4 个或 5 个色环。对于 4 个色环的碳薄膜电阻，前面 3 个环(从左开始数)代表实际电阻值；前 2 个环表示两位十进制数值；第 3 个环表示与十进制数值相乘的因子，该因子可大于 1 或大于 0 小于 1；第 4 个环为偏移环(最右侧)，表示电阻值的公差。图 1-1-7 所示为碳薄膜电阻色环的规律。

第 1 位　　　第 2 位　　　　因子　　公差

图 1-1-7　碳薄膜电阻色环的规律

　　每种颜色都代表一个特定的数值，见表 1-1-1，可以通过计算色环数值总和得到电阻值。电阻上注明的电阻值仅适用于温度为 20℃的条件，这是因为所有材料的电阻都会随温度变化而变化。

表 1-1-1　电阻色环各颜色的数值

颜色		第 1 位	第 2 位	因子
	银色	—	—	10^{-2}
	金色	—	—	10^{-1}
	黑色	—	0	1
	棕色	1	1	10
	红色	2	2	10^2
	橙色	3	3	10^3
	黄色	4	4	10^4
	绿色	5	5	10^5
	蓝色	6	6	10^6
	紫色	7	7	10^7
	灰色	8	8	10^8
	白色	9	9	10^9

　　对于图 1-1-7 所示电阻，前 2 个环(棕色和黑色)表示十进制数 10，第 3 个环(橙色)表示系数因子 10^3，这样总电阻值 $R = 10 \times 10^3\ \Omega = 10\ 000\ \Omega = 10\ k\Omega$。

　　电阻色环公差的颜色编码见表 1-1-2。

项目一	常用基础元件、电子元器件及测量		
姓名		班级	日期

表 1-1-2　电阻色环公差的颜色编码

颜色		公差
✕	无	±20%
	银色	±10%
	金色	±5%
	棕色	±1%
	红色	±2%
	绿色	±0.5%
	蓝色	±0.25%
	紫色	±0.1%

图 1-1-7 所示电阻的最右侧环的颜色是金色，因而该电阻的公差为±5%。

每个导体和每个负载均有电阻。理论上说，人们并不希望连接导体中存在电阻。导体的材料(电阻率 p)、长度 l 以及截面面积 A 决定其电阻的大小。导体电阻按下列公式计算

$$R = \rho \frac{l}{A}$$

通常还会用到电阻的倒数，即电导。电导用 G 表示，单位是西门子(S)。

$$G = \frac{1}{R}$$

根据材料的电导情况可将其分为导体、绝缘体和半导体。

(1) 导体分为电子导体和离子导体。电子导体由相互紧密连接的金属原子构成。金属的外壳中只有少量电子(价电子)，而且这些电子很容易脱离原子。当导体承受电压时，电子就会朝某个特定方向移动。电子流从负极流向正极。

(2) 绝缘体内自由电荷载体的数量为零，因此电导也极小。通常使用绝缘体或绝缘材料使导体相互绝缘，包括塑料、橡胶、玻璃、陶瓷、纸等固体以及纯水(H_2O)、油和油脂等液体，也包括特定条件下的真空和气体。

(3) 半导体的电导介于导体和绝缘体之间。半导体与导体的区别在于，价电子只有在压力、温度、光照或磁场力等外部影响下被释放出来后才具有导电性。半导体材料包括硅、锗和硒等。

5. 电功和电功率

1) 电功

电流做功的多少跟电流的大小、电压的高低、通电时间长短都有关系。当电压 U 使电量 Q 移动时，就在做电功 W。功的单位为焦耳(J)或者千瓦时(kW·h)，生活中常用"度"(kW·h)作为电功的单位。

电功的计算公式如下：

项目一　常用基础元件、电子元器件及测量

姓名		班级		日期	

$$W = QU \text{ 或 } W = UIt$$

电流是可以做功的。电功通常用电能表(俗称电度表)来测定，把电能表接在电路中，电能表的计数器上前后两次读数之差就是这段时间内用电的度数。

知识拓展

进行触电体验活动时，必须注意以下事项：

➤ 进入实训车间应穿着工作服，不可佩戴手表、钥匙等金属配饰。

➤ 使用设备前，应先检查地点。不允许有爆炸危险的介质；周围介质中不应含有腐蚀金属和破坏绝缘性的气体及导电介质；不允许充满水蒸气及有严重的霉菌存在。

➤ 模拟触电仪充电时，请勿使用。

➤ 患有严重心脏疾病者、心脏起搏器佩戴者，不建议体验触电活动。

2) 电功率

为了表示电流做功的快慢，物理学中引入了电功率的概念。电流在单位时间内所做的功叫作电功率。电功率用 P 来表示：

$$P = UI$$

电功率等于电压与电流的乘积。电功率的基本单位是瓦特(W)或伏安(V·A)。电功率 P、电压 U、电流和电阻之间的数学关系如图 1-1-8 所示。

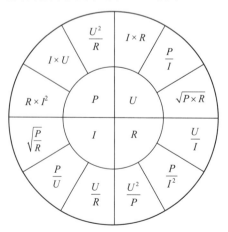

图 1-1-8　电功率 P、电压 U、电流和电阻之间的数学关系

项目一　常用基础元件、电子元器件及测量

姓名		班级		日期	

用电器正常工作时的电压叫作额定电压，用电器在额定电压下的功率叫作额定功率。

二、电学参数的测量

电流流过的回路称为电路，又称为导电回路。按照流过的电流性质，一般把电路分为两种：直流电通过的电路称为直流电路，交流电通过的电路称为交流电路。一个简单电路主要由电压或电流源(如蓄电池或电源)、耗能元件或负载(如白炽灯)、电压源与负载之间的连接(如电缆/导线)、开关电路的开关(也可以省略)等元件组成，如图 1-1-9 所示。如果用导线将负载连接到电压源，使电路闭合，则电流从电压源流向负载。

在电气工程中，通常用电路图表示电路。在电路图中，各个元件用相应的标准符号(电路符号)代替。图 1-1-10 所示为图 1-1-9 电路的对应电路图。电路中的箭头表示电源电压 U 与电流 I 的方向。

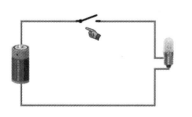

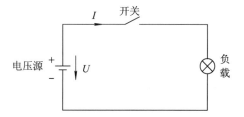

图 1-1-9　简单电路的组成　　　　　图 1-1-10　电路图

1. 测量电压

用万用表的电压挡测量电压，如图 1-1-11 所示。将黑表笔插入 COM 插孔，红表笔插入 V/Ω 插孔，选择交直流选项以及量程，并将测试表笔连接到被测负载或信号源上。万用表在显示电压读数时，同时会指示出红表笔所接电源的极性。

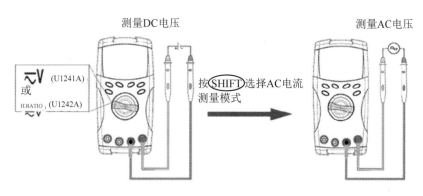

图 1-1-11　万用表的电压挡

项目一 常用基础元件、电子元器件及测量

姓名		班级		日期	

进行测量时，必须将万用表连接到要测量的电压两端，如图 1-1-12 所示。电压只能存在于两点之间，如电压源或负载的两端。为测量电压，必须将万用表并联到被测量元件的两端。

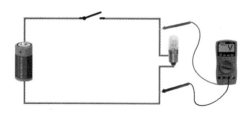

图 1-1-12　电压的测量

万用表的内阻(固有电阻)越大越好，以确保尽可能地减少万用表对待测电压的影响。数字万用表具有非常大的内阻($R > 1$ MΩ)，被测阻值越小，测量的误差越小。

温馨提示

用万用表测量电压时要注意以下几点：

➢ 必须设置电压类型，即交流电压或直流电压(AC/DC)。

➢ 测量直流电压时注意极性。

➢ 如果不知被测电压范围，应先将量程开关置于自动或最大量程，然后视情况降至合适量程。电压表一般有多个可供选择的挡位，仪表不同，各挡的量程可能不同，所选择的量程挡应以得到最精确读数为准。当 LCD 只在最高位显示 1 或者 OL 时，说明已超量程，必须调高量程。

➢ 测量时，电压表必须始终与待测量的对象并联。

➢ 测量电压时，注意电缆或导体的横截面，电气系统发生变动时，例如使用大功率电气负载，必须改变电缆的横截面积以适应更大的电流。

➢ 因电缆芯破损而减小横截面面积时，可能会增大电压降。通过测量电阻无法发现该故障，只有测量闭合电路中的电压降才能发现。

➢ 测量高电压时要避免触电，同时不要输入高于仪表量程的电压，防止损坏仪表内部电路。

➢ 测量完成后，要将电压表调到最大的交流电压量程。

项目一　常用基础元件、电子元器件及测量

姓名		班级		日期	

2. 测量电流

用万用表的电流档测量电流,如图 1-1-13 所示。将黑表笔插入 COM 插孔,红表笔插入 mA 或 10 A 或 20 A 插孔(当测量 200 mA 以下的电流时,插入 mA 插孔;当测量 200 mA 及以上的电流时,插入 10 A 或 20 A 插孔)。

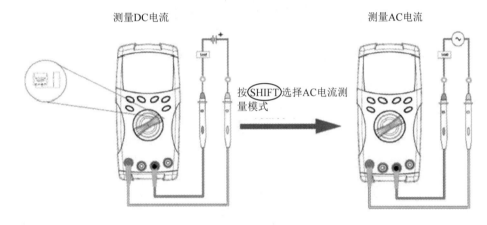

图 1-1-13　万用表的电流挡

测量电流时,需要测量的电流必须流过万用表。这意味着在电路中应给万用表预留位置,将万用表连接在电路中该位置上。与电压表连接方式不同,测量电流时应将万用表串联在要测量电流的支路中,如图 1-1-14 所示。绝不能与所测电路并联,否则将使原应流经部件的电流绕过该部件直接流入万用表,过大的电流会烧坏万用表和电路。

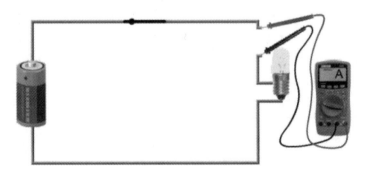

图 1-1-14　电流的测量

测量电流的另外一种方法是使用钳式万用表,如图 1-1-15 所示。如果待测电流大于 10 A,那么用钳式万用表测量电流的优势非常突出,而且测量电流时无须直接接入电路。

项目一　常用基础元件、电子元器件及测量

姓名		班级		日期	

图 1-1-15　钳式万用表

温馨提示

用万用表测量电流时要注意以下几点：

➤　注意电流类型，确认电路中流过的是交流电流还是直流电流(AC/DC)。若是直流电流，还需特别注意电流的极性，确保红表笔接电流的流入端，黑表笔接电流的流出端，避免因极性接反损坏万用表或导致测量结果错误。

➤　开始测量时，应选择尽可能大的量程。当不知被测电流值的范围时，应将量程开关置于自动或高量程挡，再根据读数需要逐步调低量程。

➤　万用表应始终与用电器串联在一起。测量时电流必须流经万用表。

➤　当开路电压与地之间的电压超过安全电压 DC 60 V 或 AC 30 V 时，请勿尝试进行电流的测量，以避免损坏万用表或被测设备以及伤人。因为这类电压会有产生电击的危险，在实训或工作过程中，一定要注意用电安全，学会必要的急救措施，在思想上高度重视，切勿麻痹大意。

➤　在测量前，一定要切断被测电源。认真检查输入端子及量程开关的位置是否正确，确认无误后，才可通电测量。

➤　若输入过载，内装熔丝会熔断，须予以更换。

➤　测试大电流时，为了安全使用万用表，应根据万用表说明限定每次测量的时间。

➤　测量完成后，若万用表有"OFF"挡，建议将其调至该挡位并关闭电源；若没有"OFF"挡，可将量程调至最大交流电压量程，以保护万用表内部电路，延长其使用寿命。

项目一　常用基础元件、电子元器件及测量

姓名		班级		日期	

3. 测量电阻

用万用表的电阻挡测量电阻，如图 1-1-16 所示。电阻作为组件在车辆电路中常被使用，同时电路的状态可以通过测量电阻值来判断。将黑表笔插入 COM 插孔，红表笔插入 V/Ω 插孔。将功能开关置于 Ω 挡，选择合适的量程，将测试表笔并联到待测电阻上。注意：测量电阻时，电路一定不能通电，否则可能会损坏仪表。

在测量时，要注意两表笔短接时的读数，此读数是一个固定的偏移值(称为"校零")。为了获得精确的读数，可以将读数减去红、黑两表笔短路读数值作为最终读数。

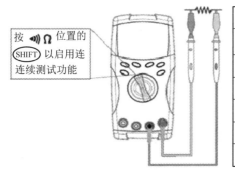

测量范围	蜂鸣器发出声音的条件
1000.0 Ω	<10 Ω
10.000 kΩ	<100 Ω
100.00 kΩ	<1 kΩ
1.0000 MΩ	<10 kΩ
10.000 MΩ	<100 kΩ
100.00 MΩ	<1 MΩ

图 1-1-16　用万用表的电阻挡测量电阻

万用表有一块内置蓄电池(工作电压通常为 9 V)，待测电阻与一个电流表串联到该供电电源。将万用表与待测对象连接在一起并选择正确的测量范围后，显示屏上会以数值形式直接显示出电阻值。如果电阻值超出了最高测量范围，则表示电路中断。因此，万用表可用于检查电路的导通性。

温馨提示

测量电阻时要注意以下几点：
➢ 测量期间不得将待测部件连接到电压电源上，因为欧姆表自身需要通过电压或电流确定电阻值。
➢ 待测部件至少有一侧与电路分离，否则并联的部件会影响测量结果。
➢ 极性无关紧要。

项目一　常用基础元件、电子元器件及测量

姓名		班级		日期	

三、欧姆定律

1. 定义与公式

欧姆定律是指在同一电路中，导体中的电流与导体两端的电压成正比，与导体的电阻成反比。该定律可用于计算电路中电压、电流、电阻 3 个物理量。

如果用 U 表示导体两端的电压，R 表示导体的电阻，I 表示导体中的电流，欧姆定律的数学表达式如下：

$$I = \frac{U}{R}$$

式中，U 的单位为伏特(V)，R 的单位为欧姆(Ω)，I 的单位为安培(A)。

对于一个导体，只要知道电流、电压、电阻中的两个量，就可以利用欧姆定律求出第 3 个量：

$$U = IR，\quad I = \frac{U}{R}，\quad R = \frac{U}{I}$$

2. 电流与电压的关系

如图 1-1-17 所示，保持电阻 $R = 10\ \Omega$ 不变。改变电源电压，读出电压表、电流表所示数据，并计算出相应电阻值，见表 1-1-3。

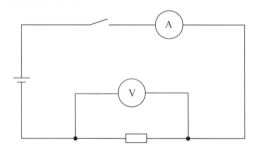

图 1-1-17　欧姆定律验证电路

表 1-1-3　$R = U/I$ 计算值

U/V	0.00	2.00	4.00	6.00	8.00	10.00	12.00
I/A	0.00	0.21	0.40	0.57	0.78	1.00	1.20
$U/I/\Omega$	0	9.52	10.00	10.52	10.25	10.00	10.00

项目一　常用基础元件、电子元器件及测量

姓名		班级		日期	

以电流为横坐标、电压为纵坐标，在坐标轴上描绘这 7 个点，并将这 7 个点连成线(如图 1-1-18 所示曲线)，称其为伏安特性曲线。这是一条通过坐标原点的直线，它的斜率为电阻；电阻一定时，导体中的电流与导体两端电压成正比。具有这种性质的电器元件叫线性元件，其电阻叫线性电阻或欧姆电阻。欧姆定律不成立时，伏安特性曲线不是过原点的直线，而是不同形状的曲线，把具有这种性质的电器元件叫作非线性元件。

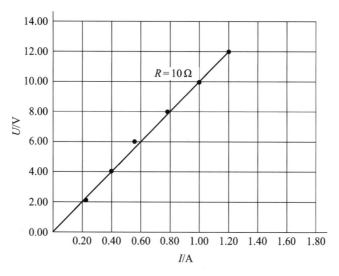

图 1-1-18　伏安特性曲线

3. 电流与电阻的关系

如图 1-1-19 所示，保持电阻两端电压 $U = 12$ V 不变，改变电阻值，读出电流表所示数据，并计算出相应电压，见表 1-1-4。

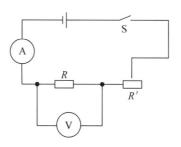

图 1-1-19　欧姆定律验证电路

项目一　常用基础元件、电子元器件及测量

姓名		班级		日期	

表 1-1-4　$U = IR$ 计算值

R/Ω	10	20	30	40	50	60	70
I/A	1.20	0.59	0.40	0.30	0.24	0.20	0.17
RI/V	12	12	12	12	12	12	12

以电流值为横坐标、电阻值为纵坐标，在坐标轴上描绘这 7 个点，并将这 7 个点连成线，如图 1-1-20 所示。通过曲线发现，电压一定时，导体中的电流与导体的电阻成反比。

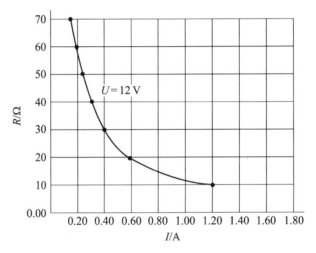

图 1-1-20　$R\text{-}I$ 特性曲线

任务计划

一、电学参数的测量基本内容

(1) 按照如图 1-1-21 所示的实验电路图连接电路。

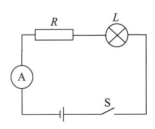

图 1-1-21　实验电路

(2) 检测出电路中用电器(电阻、灯)的电流、电压、电阻。

项目一　常用基础元件、电子元器件及测量

姓名		班级		日期	

二、制订电学参数的测量的基本流程

在教师的指导下，查阅相关资料，小组讨论并制订电学参数的测量的基本流程。

步骤	作 业 内 容

🛈 任务决策

各小组选派代表阐述任务计划，小组间相互讨论，提出不同的看法，教师总结点评，完善方案。

✖ 任务实施

在教师的指导下完成分组，小组成员合理分工，完成电学参数的测量任务。

"电学参数的测量"任务实施表

班级		姓名	
小组成员		组长	
操作员		监护员	
记录员		评分员	

项目一 常用基础元件、电子元器件及测量

姓名		班级		日期	

任务实施流程

序号	作业内容	作业具体内容	结果记录
1	作业准备	检查场地周围环境对设备的影响	□是　□否
		检查着装及配饰	□是　□否
2	检查电学实验箱	检查外观	□是　□否
		检查电量	□是　□否
		检查开关	□是　□否
3	电学参数测量	测量用电器电压	□是　□否
		测量用电器电流	□是　□否
		测量用电器电阻	□是　□否
4	作业场地恢复	关闭电学实验箱电源,将系统模式从开启状态切换至关闭状态	□是　□否
		清洁、整理场地	□是　□否

♲ 质量检查

一、小组自检

各小组根据任务实施的记录结果,对本小组的作业内容进行再次确认。

序号	检 查 项 目	检查结果
1	作业前规范做好场地准备	□是　□否
2	作业前规范检查、准备电学实验	□是　□否
3	正确使用电学实验	□是　□否
4	正确测量用电器的电压值、电流值、电阻值	□是　□否
5	按照8S管理规范恢复仪器和场地	□是　□否

项目一　常用基础元件、电子元器件及测量

姓名		班级		日期	

二、教师检查

教师根据各小组作业完成情况进行质量检查，选择优秀小组成员进行作业情况汇报，针对作业过程中出现的问题提出改进措施与建议。

作业问题及改进措施：

_____

_____

_____

_____

_____

_____

_____

_____

课后提升

以小组为单位查阅资料，了解因电路连接错误造成的故障，分析故障造成的原因，总结避免此类故障发生应注意的事项。

评价反馈

小组内合理分工，交换操作员、监护员、记录员、评分员角色，完成作业任务后，结合个人、小组在课堂中的实际表现进行总结与反思。

1. 请小组成员对完成本次工作任务的情况进行评分。

"电学参数的测量"作业评分表

序号	作业内容	评分要点	配分	得分	判罚依据
1	作业准备 (4分)	□未着工装，扣2分	2		
		□佩戴金属配饰，扣2分	2		
2	检查电学实验箱(6分)	□未检查外观，扣2分	2		
		□未检查电量，扣2分	2		
		□未检查开关，扣2分	2		

项目一　常用基础元件、电子元器件及测量

姓名		班级		日期	

续表

3	电学参数测量 （14分）	□未按正确流程打开电学实验箱，扣2分	2		
		□未按要求选择电流及电压强度，扣4分	4		
		□未正确测量出电流值，扣2分	2		
		□未正确测量出电压值，扣4分	4		
		□未正确测量出电阻值，扣2分	2		
4	作业场地恢复 （6分）	□未关闭电学实验箱，扣3分	3		
		□未清洁、整理场地，扣3分	3		
5	安全事故	□损伤、损毁设备或造成人身伤害，视情节扣5～10分，特别严重的安全事故不得分			
合　计			30		

2. 小组作业中是否存在问题？如果有问题，如何成功解决问题？

_____

_____

_____

_____

_____

3. 请对个人在本次工作任务中的表现进行总结和反思。

_____

_____

_____

_____

_____

项目一 常用基础元件、电子元器件及测量

姓名		班级		日期	

课堂笔记

项目一　常用基础元件、电子元器件及测量

姓名		班级		日期	

任务二　电　阻　器

任务目标

知识与技能目标

✓　了解电阻器的基础知识。

✓　掌握电阻器的类型、特性及应用。

✓　具有搭建电位计电路和测量电阻的能力。

✓　具有在新能源汽车上检测判断电阻器是否正常的能力。

过程与目标方法

✓　具备从多途径的信息源中检索专业知识的能力。

✓　获得分析问题和解决问题的一些基本方法。

✓　尝试多元化思考解决问题的方法，形成创新意识。

✓　能充分运用所学的知识解决实训问题，具备较强的应用意识和实践能力。

✓　可积极主动与小组成员交流、讨论学习成果，取长补短，完成自我提升。

情感、态度和价值观目标

✓　树立电路安全意识。

✓　树立团队协作意识。

✓　通过探究过程，进一步了解电阻器在汽车上的应用，学会科学分析和处理实验数据的方法以及总结物理规律的方法。

✓　体验探究过程中的快乐，通过多次检测电路的连接，在更短时间达到更好的工艺要求目标，培养走向成功的精益求精的工匠精神。

项目一 常用基础元件、电子元器件及测量

姓名		班级		日期	

 ## 任务导入

在电子产品生产、检测维护中，会发现电路板上有很多电子元器件，每一种元器件都有特定的功能和作用。我们先来认识一下电阻器，它是电子产品中的主要元器件之一。

电阻元件

 ## 任务书

_____是一名新能源汽车维修学员。新能源汽车维修工班_____组接到了学习电阻器的任务，班长根据作业任务对班组人员进行了合理分工，同时强调了学习电阻器知识的重要性。_____接到任务后，按照操作注意事项和操作要点进行电阻器基础知识的学习。

 ## 任务分组

班级		组号		指导老师	
组长		学号			
组员	姓名：　　　　学号： 姓名：　　　　学号： 姓名：　　　　学号： 姓名：　　　　学号：			姓名：　　　　学号： 姓名：　　　　学号： 姓名：　　　　学号： 姓名：　　　　学号：	
任 务 分 工					

 项目一　常用基础元件、电子元器件及测量

姓名		班级		日期	

 获取信息

一、电阻器的基础知识

1. 定义

电阻器在日常生活中一般直接被称为电阻，它是一个限流元件(控制电流大小，防止过载损害设备)。在常见的电阻器中，有一类的阻值是固定的，而另有可变电阻器，其阻值可根据外界条件或人为调节而改变。通常电阻器有两个引脚，将其接入电路中后，它不仅能限制通过它所连支路的电流大小，而且在串联电路中还能起到分压作用。

2. 单位

电阻器的基本单位是欧姆(Ω)，通常使用的还有由欧姆导出的单位，如千欧(kΩ)和兆欧(MΩ)。

3. 作用

在电子系统中，电阻器常用作分流器、分压器、耦合器件、负载、保护元件和检测元件等。

4. 符号

电阻器的电路符号如图 1-2-1 所示，当加上限定符号后，可表示不同特性的电阻。

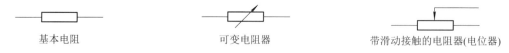

基本电阻　　　　　　　　　可变电阻器　　　　　　　带滑动接触的电阻器(电位器)

图 1-2-1　不同电阻器的电路符号

二、电阻器的类型与特性

对大多数导体材料来说，在一定的温度下，其电阻率几乎维持不变，为一个定值，这类导体材料制作的电阻称为线性电阻，如固定电阻器、可调电阻器。有些导体材料的电阻明显地随着电流或电压的变化而变化，其伏安特性是一条曲线，这类电阻器称为非线性电阻器，如热敏电阻器、压敏电阻器。电阻器在电路中主要用来调节和稳定电流与电压，可作为分流器和分压器，也可作为电路匹配负载。根据电路要求，电阻器还可用于放大电路的负反馈或正反馈、电压-电流转换、输入过载时的电压或电流保护元件，又可组成 RC电路，作为振荡、滤波、旁路、微分、积分和时间常数元件等。

1. 固定电阻器

固定电阻器可分为碳膜电阻器、金属膜电阻器等。

项目一　常用基础元件、电子元器件及测量

姓名		班级		日期	

(1) 碳膜电阻器。　碳膜电阻器是将在真空高温条件下分解的结晶碳蒸镀沉积在陶瓷骨架上制成的。其引线两端都有端帽，是一种膜式电阻器。其表面常涂以绿色保护漆，具有电压稳定性好、成本低、用量大的特点，但误差和噪声大。

碳膜电阻器常用符号 RT 作标志，R 代表电阻器，T 代表材料是碳膜，例如，一只电阻器外壳上标有 RT47kl 的字样，就表示这是一只阻值为 47 kΩ，允许偏差为 ±5% 的碳膜电阻器。碳膜的厚度决定阻值的大小，通常通过控制膜的厚度和刻槽来控制电阻器阻值。碳膜电阻器如图 1-2-2 所示。

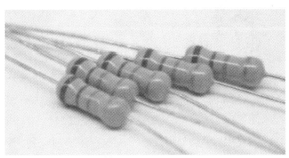

图 1-2-2　碳膜电阻器

(2) 金属膜电阻器。金属膜电阻器是将金属或合金材料在真空高温条件下加热蒸分沉积在陶瓷骨架上制成的，具有较高的耐高温性能、活度系数小、热稳定性好、噪声小、电压系数好等优点，但造价高，脉冲负荷稳定性差。

金属膜电阻器有普通金属膜电阻器、半精密金属膜电阻器、低阻半精密金属电阻器、高精密金属膜电阻器、高阻金属膜电阻器、高压金属膜电阻器、超高频金属膜电阻器、无引线精密金属膜电阻器等，如图 1-2-3 所示。

图 1-2-3　金属膜电阻器

2. 可调电阻器

可调电阻器的电阻值大小可以人为调节，以满足电路的需要。常见的可调电阻器主要通过改变电阻接入电路的长度来改变电阻值。

项目一　常用基础元件、电子元器件及测量

姓名		班级		日期	

　　电位器即机械可调电阻，有 3 个引脚。其中两个引脚之间的电阻值固定，该电阻值称为这个电位器的标称阻值；第 3 个引脚与任一引脚间的电阻值可以随着转轴臂的旋转而改变。这样可以调节电路中的电压或电流，达到调节电阻的效果，其外形如图 1-2-4 所示。电位器按调节方式的不同，分为旋转式电位器和直滑式电位器两种。电位器的电阻值可随时改变。电位器的电路符号如图 1-2-5 所示。

图 1-2-4　常见电位器的外形　　　　　　　图 1-2-5　电位器的电路符号

　　电位器可以作为角度传感器使用，它利用旋转角度与电位器电阻上的电压降之间的关系计量角度。电位器在汽车中的主要应用有燃油液位传感器、加速踏板位置传感器、制动踏板位置传感器、节气门位置传感器等。现在除了燃油液位传感器还在使用电位器外，其他的传感器都已经逐渐被非接触式的传感器取代。

　　加速踏板位置传感器如图 1-2-6 所示，它通过驾驶人控制踏板臂的旋转角度来控制位置传感器输出的电压，然后将电压信号传递给 ECU，ECU 根据位置传感器输出电压信号控制电机电流的大小，达到控制电机扭矩的目的。

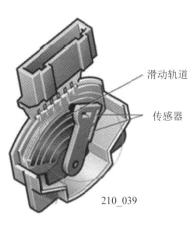

滑动轨道

传感器

210_039

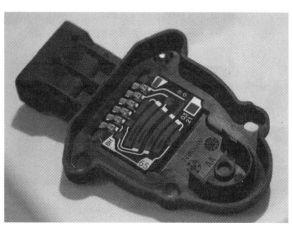

图 1-2-6　加速踏板位置传感器

项目一　常用基础元件、电子元器件及测量

姓名		班级		日期	

3. 敏感电阻器

敏感电阻器是指对温度、电压、湿度、光通量、气体流量、磁通量和机械力等外界因素表现比较敏感的电阻器。这类电阻器既可以作为把非电信号转换为电信号的传感器，也可以作为自动控制电路中的功能元件。常用的敏感电阻器有热敏电阻器、光敏电阻器、压敏电阻器等。

1) 热敏电阻器

热敏电阻器是一种传感器电阻，其电阻值随着温度的变化而改变。按照温度系数不同，热敏电阻器分为正温度系数热敏电阻器(PTC)和负温度系数热敏电阻器(NTC)。正温度系数热敏电阻器的电阻值随温度的升高而增大，在汽车上主要应用于加热类元件；负温度系数热敏电阻器的电阻值随温度的升高而减小，在汽车上主要应用于温度传感器。热敏电阻器最常见的形态为圆形并引出两根引脚，如图 1-2-7 所示。

图 1-2-7　常见热敏电阻器的外形

(1) NTC 电阻器。NTC(负温度系数)电阻器由诸如多晶硅、混合氧化物陶瓷等半导体材料制成，主要用于测量温度。其工作方式为：在半导体内，自由载流子的数量随着温度的升高而增加，导致电阻减小，因此这种材料具有负温度系数。在室温下，该值约为 $-5\%\sim-3\%/(°)$，温度范围通常为 $-60\sim+200℃$。表 1-2-1 列举了 NTC 电阻器的基本值，参考温度 $T_0=25℃$，相应的电阻为 5 kΩ。

表 1-2-1　NTC 电阻器的基本值

测量温度/℃	0	20	25	40	60	80	100	120
基本电阻值/Ω	16 325	6254	5000	2663	1244	627.5	339	194.7

由于 NTC 电阻器比金属热敏电阻器更敏感，因此 NTC 电阻器适用于各种类型的温度测量与控制。NTC 电阻器的电路符号如图 1-2-8 所示，两个反向箭头表示电阻与温度之间成反比：温度越高，电阻越低；温度越低，电阻越高。

 项目一　常用基础元件、电子元器件及测量

姓名		班级		日期	

图 1-2-9 所示为 NTC 电阻器与温度变化关系。

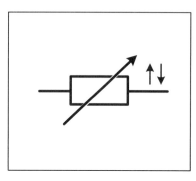

图 1-2-8　NTC 电阻器的电路符号

图 1-2-9　NTC 电阻器与温度变化关系

NTC 电阻器在测量温度时作为温度传感器使用，如图 1-2-10 所示，在模拟电路中用于测量温度。

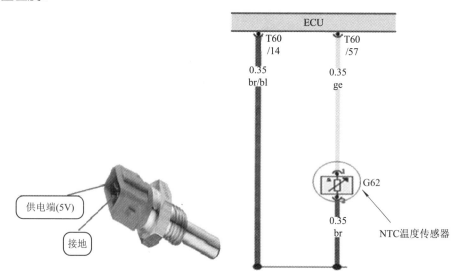

图 1-2-10　温度传感器的管角级电路图

(2) PTC 电阻器。PTC 电阻器是一种典型的具有温度敏感性的半导体电阻。PTC 电阻器的电路符号如图 1-2-11 所示。当温度升高时，PTC 电阻器的电阻值会随之增加，我们将这种特性称为正温度系数效应。PTC 电阻器随温度变化的电阻曲线如图 1-2-12 所示。

图 1-2-11　PTC 电阻器的电路符号

项目一　常用基础元件、电子元器件及测量

姓名		班级		日期	

图 1-2-12　PTC 电阻器随温度变化的电阻曲线

达到初始温度 T 时，PTC 电阻器的电阻值开始增大，此时为初始电阻 R_A，直至标称温度 T 时电阻都是非线性增长的。自标称电阻 R 起，电阻显著增大，直至达到最终温度 T。在汽车上 PTC 电阻器可用来控制加热装置的电流，如车外后视镜内的加热电路，如图 1-2-13 所示。

当温度达到初始温度 T_A 时，PTC 电阻器的电阻值开始增大，此时为初始电阻 R_A，直至标称温度达到 T_N 时，电阻都是非线性增长的。自标称电阻 R_N 起，电阻显著增大，直至达到最终温度 T。在汽车上 PTC 电阻器可用来控制加热装置的电流，如车外后视镜内的加热电路，如图 1-2-13 所示。

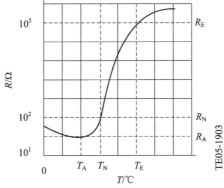

1—后视镜加热器；　2—PTC 热敏电阻器。

图 1-2-13　车外后视镜内的加热电路

2) 光敏电阻器

光敏电阻器是一种电阻值随外界光照强弱(明暗)变化而变化的元件，其电路符号如图 1-2-14 所示。这种无源的光电元件经常缩写为 LDR(光敏电阻)。光照越强，其阻值越小。光照越弱，其阻值越大。利用这一特性，可以制作各种光控电路，如空调上的日光传感器、灯光自动控制传感器等。

图 1-2-14　光敏电阻器的电路符号

项目一　常用基础元件、电子元器件及测量

姓名		班级		日期	

　　光敏电阻器采用半导体材料制造，利用内部光电效应(即光辐射导致材料中的自由载荷电子数量增加)使元件的绝缘部分变为导电体。当光敏电阻器暴露于光照下时，其电阻值急剧减小，因此如果光照强烈时，有必要保护光敏电阻器，防止其由于电流过大而损坏。

　　光敏电阻器的缺点是响应相对延迟，该响应与亮度成反比，通常达到几毫秒。因此，对于配有光敏电阻器的电路，其开关频率只能达到约 100 Hz。

　　3) 压敏电阻器

　　电阻值随着压力的变化而变化的电阻器称为压敏电阻器(VDR)。压敏电阻器对电压敏感，是一种很好的固态保险元件，常用于电压保护电路、消火花电路、能量吸收回路和防雷电路中。

　　压敏电阻器主要有碳化硅压敏电阻器和氧化锌压敏电阻器两种，最常用的是氧化锌压敏电阻器。氧化锌与其他金属氧化物(如氧化铋、氧化铬或氧化锰)混合制成半导体粉末，随后将半导体粉末压制并烧结成片状坯件，紧接着在坯件两侧均匀涂上银浆，经高温烧结，使银浆牢固附着形成电极，最后装上接头。压敏电阻器在电路中用 R_V 或 R 表示。其电路符号如图 1-2-15 所示。

图 1-2-15　压敏电阻器电路符号

　　汽车上常见的压敏电阻器主要有半导体式压力传感器、真空膜盒式压力传感器、应变片式压力传感器及膜片弹簧式压力传感器 4 种。

　　半导体式压力传感器由于体积小，精度高，成本低，响应性、再现性和稳定性好，在汽车上得到了广泛应用，其结构和电路符号如图 1-2-16 所示。

　　图 1-2-17 所示空调压力传感器为压敏电阻式传感器，电动汽车广泛使用它来检测空调管道中制冷剂的压力。当系统压力过低时，切断压缩机电路，防止压缩机回油润滑差导致卡死；当系统压力过高时，切断压缩机电路，防止压缩机排气压力大及温度过高，润滑油黏度下降，压缩机内部抱死；同时可以反馈信号回 ECU，及时调整散热风扇的转速。

图 1-2-16　半导体式压力传感器结构　　　　　图 1-2-17　空调压力传感器

项目一　常用基础元件、电子元器件及测量

姓名		班级		日期	

 ## 任务计划

一、可调电阻器的检测的基本内容

(1) 按照如图 1-2-18 所示的实验电路图连接电路。

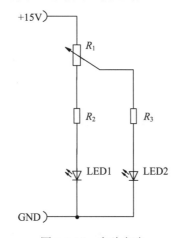

图 1-2-18　实验电路

(2) 观察随着可调变阻器阻值的变化，LED 灯亮度的变化。

二、制订可调电阻器的检测的基本流程

在教师的指导下，查阅相关资料，小组讨论并制订可调电阻器检测的基本流程。

步骤	作　业　内　容

项目一 常用基础元件、电子元器件及测量

姓名		班级		日期	

 任务决策

各小组选派代表阐述任务计划，小组间相互讨论，提出不同的看法，教师总结点评，完善方案。

 任务实施

在教师的指导下完成分组，小组成员合理分工，完成可调电阻器的检测任务。

"可调电阻器的检测"任务实施表

班级		姓名	
小组成员		组长	
操作员		监护员	
记录员		评分员	

任务实施流程

序号	作业内容	作业具体内容				结果记录
1	作业准备	检查电气实验箱及附件是否齐全				□是 □否
		检查实验工位通电是否正常				□是 □否
		检查万用表各功能是否正常				□是 □否
		评估实验工位区域风险等级是否合格				□是 □否
2	记录测量数据	电位计位置	初始位	中位	末位	□是 □否
		观察现象	LED1:□亮□暗	LED1:□亮□暗	LED1:□亮□暗	□是 □否
			LED2:□亮□暗	LED2:□亮□暗	LED2:□亮□暗	□是 □否
		电阻值	$R:$　Ω	$R:$　Ω	$R:$　Ω	□是 □否
3	测量结果分析	可调电阻器对电流( )阻碍作用	A. 有　B. 没有			□是 □否
		可调电阻( )改变电路中电流大小	A. 能　B. 不能			□是 □否
4	作业场地恢复	万用表复位及关闭				□是 □否
		恢复电气实验箱内的元器件及导线				□是 □否
		断电检查				□是 □否
		清洁、整理场地				□是 □否

项目一 常用基础元件、电子元器件及测量

姓名		班级		日期	

♺ 质量检查

一、小组自检

各小组根据任务实施的记录结果，对本小组的作业内容进行再次确认。

序号	检 查 项 目	检查结果
1	作业前检查电气实验箱及附件是否齐全	□是 □否
2	作业前实验工位通电是否正常	□是 □否
3	作业前检查万用表各功能是否正常	□是 □否
4	正确使用电气实验箱	□是 □否
5	正确记录测量数据	□是 □否
6	按照 8S 管理规范恢复仪器和场地	□是 □否

二、教师检查

教师根据各小组作业完成情况进行质量检查，选择优秀小组成员进行作业情况汇报，针对作业过程中出现的问题提出改进措施与建议。

作业问题及改进措施：

_____

_____

_____

_____

_____

_____

📈 课后提升

以小组为单位查阅资料，了解电阻变压器在车上使用的实例。

🔍 评价反馈

小组内合理分工，交换操作员、监护员、记录员、评分员角色，完成作业任务后，结合个人、小组在课堂中的实际表现进行总结与反思。

项目一　常用基础元件、电子元器件及测量

姓名		班级		日期	

1. 请小组成员对完成本次工作任务的情况进行评分。

"可调电阻器的检测"作业评分表

序号	作业内容	评分要点	配分	得分	判罚依据
1	作业准备 (4分)	□未着工装，扣2分	2		
		□佩戴金属配饰，扣2分	2		
2	检查设备 (6分)	□未检查电气实验箱及附件是否齐全，扣2分	2		
		□未检查实验工位通电是否正常，扣2分	2		
		□未检查万用表各功能是否正常，扣2分	2		
3	记录测量数据 (14分)	□未按正确流程打开电学实验箱，扣2分	2		
		□未正确测量可变电阻初始位阻值，扣2分	2		
		□未正确测量可变电阻中位阻值，扣2分	2		
		□未正确测量可变电阻末位阻值，扣2分	2		
4	测量结果分析 (6分)	□未正确分析出可调电阻器对电流的阻碍作用	6		
5	作业场地恢复 (6分)	□未复位及关闭万用表，扣1分	1		
		□未恢复电气实验箱内元器件及导线，扣1分	1		
		□未进行断电检查，扣1分	1		
		□未清洁、整理场地，扣3分	3		
6	安全事故	□损伤、损毁设备或造成人身伤害，视情节扣5～10分，特别严重的安全事故不得分			
		合　计	30		

2. 小组作业中是否存在问题？如果有问题，如何成功解决问题？

_____

_____

_____

项目一 常用基础元件、电子元器件及测量

姓名		班级		日期	

3. 请对个人在本次工作任务中的表现进行总结和反思。

_____

_____

_____

课堂笔记

_____

_____

_____

_____

_____

_____

_____

_____

_____

_____

_____

_____

_____

_____

_____

_____

_____

_____

_____

项目一　常用基础元件、电子元器件及测量

姓名		班级		日期	

任务三　电　容　器

 任务目标

知识与技能目标

- ✓ 了解电容器的结构、分类及作用。
- ✓ 掌握电容器的电路连接特点。
- ✓ 掌握电容器在汽车上的应用。
- ✓ 具有搭建电容器电路和测量、计算的能力。
- ✓ 具有在新能源汽车上检测判断电容器的能力。

过程与目标方法

- ✓ 具备从多途径的信息源中检索专业知识的能力。
- ✓ 获得分析问题和解决问题的一些基本方法。
- ✓ 尝试多元化思考解决问题的方法，形成创新意识。
- ✓ 能充分运用所学的知识解决实训问题，具备较强的应用意识和实践能力。
- ✓ 可积极主动与小组成员交流、讨论学习成果，取长补短，完成自我提升。

情感、态度和价值观目标

- ✓ 在操作过程中树立电路安全意识。
- ✓ 树立团队协作意识。
- ✓ 通过探究过程，进一步熟悉电容器在汽车上的应用，学会科学分析和处理实验数据的方法以及总结物理规律的方法。
- ✓ 体验探究过程中的快乐，通过电容器充放电电路的连接，在更短时间达到更好的工艺要求目标，培养走向成功的精益求精的匠人精神。

项目一　常用基础元件、电子元器件及测量

姓名		班级		日期	

 ## 任务导入

电容器是电子技术中常用的主要元件之一，在汽车电路中的应用很广，可以辅助汽车启动，改善车载电器的用电性能，在新能源汽车中常用电容器来进行能量回收以及功率补偿以保护蓄电池。因此，要熟练掌握电容器的结构、特性及测量方法，这样才能准确、快速地排除电容器的相关故障。

电容器

 ## 任务书

＿＿＿＿＿＿＿＿＿是一名新能源汽车维修学员。新能源汽车维修工班＿＿＿＿＿＿＿组接到了学习电容器的任务，班长根据作业任务对班组人员进行了合理分工，同时强调了学习电容器知识的重要性。＿＿＿＿＿＿＿＿接到任务后，按照操作注意事项和操作要点进行电容器基础知识的学习。

 ## 任务分组

班级		组号		指导老师	
组长		学号			
组员	姓名：　　　　学号：			姓名：　　　　学号：	
	姓名：　　　　学号：			姓名：　　　　学号：	
	姓名：　　　　学号：			姓名：　　　　学号：	
	姓名：　　　　学号：			姓名：　　　　学号：	
任 务 分 工					

 ## 获取信息

一、电容器的基础知识

1. 定义

电容器是可以存储电荷或电能的器件，用 C 表示。电容的单位是 F(法拉)，常用单位

项目一　常用基础元件、电子元器件及测量

姓名		班级		日期	

有 mF、μF、nF、pF。最简单的电容器如图 1-3-1 所示，电容由两个对置的金属板和金属板之间的一个绝缘体组成。

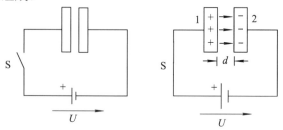

图 1-3-1　电容器上的电荷分布

电容器的存储能力称为电容。电容器的容量取决于导电板的面积、导电板之间的距离和两板之间绝缘材料(电介质)的性质。电容器在电路中主要起隔断直流、耦合交流、旁路交流、滤波、定时、振荡等作用。

2. 类型

电容器通常分为非极化电容器和极化电容器两种，其电路符号如图 1-3-2 所示。

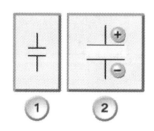

1—非极化电容器；　2—极化电容器。

图 1-3-2　电容器的电路符号

非极化电容器的两个接头相同，即可以相互调换，可用直流或交流电压驱动；极化电容器有一个正极接头和一个负极接头，这两个接头不能互换，极化电容器不能用交流电压驱动，其实物图如图 1-3-3 所示。

图 1-3-3　非极化电容和极化电容器

项目一　常用基础元件、电子元器件及测量

姓名		班级		日期	

二、电容器的连接方式

1. 电容器的串联

把两个或两个以上的电容器连接成一串，使电荷分布到每个电容器的极板上，这种连接方式称为电容器的串联，如图 1-3-4 所示。多个电容器构成的串联电路可以用一个等效电容来代替。

图 1-3-4　电容器的串联及其等效电路

电容器串联时，总电容量 C 与各电容之间的关系为

$$\frac{1}{C} = \frac{1}{C_1} + \frac{1}{C_2} + \frac{1}{C_3}$$

串联电容器的总电容小于最小的单个电容器的电容，每增加一个串联电容器，总电容就会随之减小。总电压 U 分布在串联电容器上，局部电压之和等于总电压，最小电容器上的电压降最大，最大电容器上的电压降最小。

2. 电容器的并联

把两个或两个以上的电容器并列地连接在两点之间，使每一电容器两端承受电压相同的连接方式称为电容器的并联，如图 1-3-5 所示。多个电容器构成的并联电路可以用一个等效电容来代替。

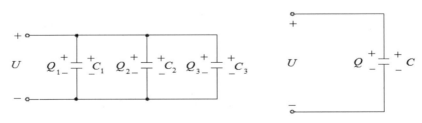

图 1-3-5　电容器的并联及其等效电路

项目一　常用基础元件、电子元器件及测量

姓名		班级		日期	

电容器并联时，总电容量 C 与各电容之间的关系为

$$C = C_1 + C_2 + C_3$$

并联电容器的总电容等于各个电容器的电容之和，总电荷量等于各个电容器的带电荷量之和。通常采用并联方式以增大电容。电容器并联时，每个电容器两端承受的电压相等。

三、电容在汽车电路中的应用

1. 高通滤波器

电容器在车辆上常作为短时电荷存储器使用，用于电压滤波和减小过压峰值。带有 RC 元件的高通滤波器电路如图 1-3-6 所示，通过高通滤波器可分开 DC 电压和 AC 电压。

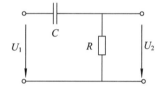

图 1-3-6　带有 RC 元件的高通滤波器电路

输入端电压 U_1 是一种混合电压或波动电压。它由一个带有叠加 AC 电压的 DC 电压构成。充电后，电容器发挥直流断续器的作用。只有 AC 电压组件可促使电容器反复进行电荷交换。在此过程中，通过的电流会在电阻 R 上产生 AC 电压。这种电路用在带有晶体管的放大器系统内，用于从混合电压中过滤出 AC 电压。

2. 低通滤波器

带有 RC 元件的低通滤波器电路及电压平滑处理波形如图 1-3-7 所示。

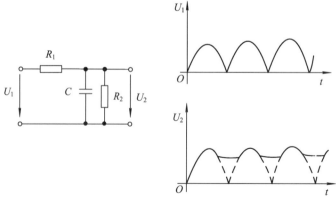

图 1-3-7　带有 RC 元件的低通滤波器电路

姓名		班级		日期	

通过 RC 组件对仅由正值半正弦波构成的 AC 电压进行平滑处理,可以降低电压波动,输出电压已非常接近恒定的 DC 电压。输出电压平滑处理程度取决于电容 C 和电路中通过的负载电流。这种电路在机动车电子系统内用于降低控制单元内 DC 供电电源的波动,并过滤掉干扰电压。

3. 车内照明灯关闭延迟

汽车车内照明灯关闭延迟电路如图 1-3-8 所示。

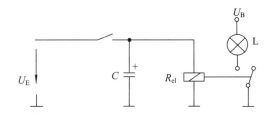

图 1-3-8　汽车车内照明灯关闭延迟电路

电容器 C 与继电器的线圈并联在一起,释放开关后仍有电流通过继电器,从而通过照明灯。通过继电器的励磁线圈使电容器放电后,继电器就会关闭照明灯电路,照明灯中的电流在开关释放后延迟一小段时间才中断。

 任务计划

一、电容器的检测内容

(1) 按照如图 1-3-9 所示的实验电路图连接电路。

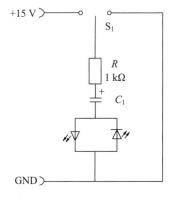

图 1-3-9　实验电路

项目一 常用基础元件、电子元器件及测量

姓名		班级		日期	

(2) 记录电容器充放电过程中的波形。

二、制订可调电阻器的检测流程

在教师的指导下，查阅相关资料，小组讨论并制订电容器的检测流程。

步骤	作 业 内 容

🛈 任务决策

各小组选派代表阐述任务计划，小组间相互讨论，提出不同的看法，教师总结点评，完善方案。

🛠 任务实施

在教师的指导下完成分组，小组成员合理分工，完成电容器的检测任务。

"电容器的检测"任务实施表

班级		姓名	
小组成员		组长	
操作员		监护员	
记录员		评分员	

项目一 常用基础元件、电子元器件及测量

姓名		班级		日期	

任务实施流程

序号	作业内容	作业具体内容				结果记录
1	作业准备	检查电气实验箱及附件是否齐全				□是 □否
		检查实验工位通电是否正常				□是 □否
		检查示波器功能是否正常				□是 □否
		评估实验工位区域风险等级是否合格				□是 □否
2	记录测量数据		充电	放电	两个电容器充电	□是 □否
		波形				□是 □否
		时间常数	$T:$____ms	$T:$____ms	$T:$____ms	□是 □否
3	测量结果分析	本实验使用哪种电容器？ _____				□是 □否
		为什么放电过程中电压不降为零？ _____				□是 □否
		增加电容量有什么影响？ _____				□是 □否
4	作业场地恢复	示波器关闭				□是 □否
		恢复电气实验箱内元器件及导线				□是 □否
		断电检查				□是 □否
		清洁、整理场地				□是 □否

项目一　常用基础元件、电子元器件及测量

姓名		班级		日期	

 质量检查

一、小组自检

各小组根据任务实施的记录结果，对本小组的作业内容进行再次确认。

序号	检 查 项 目	检查结果
1	作业前检查电气实验箱及附件是否齐全	□是　□否
2	作业前实验工位通电是否正常	□是　□否
3	作业前检查示波器功能是否正常	□是　□否
4	正确使用电气实验箱	□是　□否
5	正确记录测量数据	□是　□否
6	按照 8S 管理规范恢复仪器和场地	□是　□否

二、教师检查

教师根据各小组作业完成情况进行质量检查，选择优秀小组成员进行作业情况汇报，针对作业过程中出现的问题提出改进措施与建议。

作业问题及改进措施：

_____

_____

_____

_____

 课后提升

以小组为单位查阅资料，了解电容器在汽车上使用的实例。

 评价反馈

小组内合理分工，交换操作员、监护员、记录员、评分员角色，完成作业任务后，结合个人、小组在课堂中的实际表现进行总结与反思。

1. 请小组成员对完成本次工作任务的情况进行评分。

项目一 常用基础元件、电子元器件及测量

姓名		班级		日期	

"电容器的检测"作业评分表

序号	作业内容	评分要点	配分	得分	判罚依据
1	作业准备 (4分)	□未着工装，扣2分	2		
		□佩戴金属配饰，扣2分	2		
2	检查设备 (6分)	□未检查电气实验箱及附件是否齐全，扣2分	2		
		□未检查实验工位通电是否正常，扣2分	2		
		□未检查示波器功能是否正常，扣2分	2		
3	记录测量数据 (14分)	□未按正确流程打开电学实验箱，扣2分	2		
		□未正确测量电容器充电波形，扣2分	2		
		□未正确测量电容器放电波形，扣2分	2		
		□未正确测量两个电容器充电波形，扣2分	2		
4	测量结果分析 (6分)	□未正确对电容器检测结果进行分析，扣6分	6		
5	作业场地恢复 (6分)	□未复位及关闭示波器万用表，扣1分	1		
		□未恢复电气实验箱内元器件及导线，扣1分	1		
		□未进行断电检查，扣1分	1		
		□未清洁、整理场地，扣3分	3		
6	安全事故	□损伤、损毁设备或造成人身伤害，视情节扣5~10分，特别严重的安全事故不得分			
		合 计	30		

2. 小组作业中是否存在问题？如果有问题，如何成功解决问题？

_____

_____

3. 请对个人在本次工作任务中的表现进行总结和反思。

_____

项目一　常用基础元件、电子元器件及测量

姓名		班级		日期	

课堂笔记

项目一　常用基础元件、电子元器件及测量

姓名		班级		日期	

任务四　电　　感

任务目标

知识与技能目标

- ✓ 了解电感器的结构、分类及作用。
- ✓ 掌握电感器的电路连接特点。
- ✓ 掌握电感器在汽车上的应用。
- ✓ 具有搭建电感器电路和测量、计算的能力。
- ✓ 具有在新能源汽车上检测、判断电感器的能力。

过程与目标方法

- ✓ 具备从多途径的信息源中检索专业知识的能力。
- ✓ 获得分析问题和解决问题的一些基本方法。
- ✓ 尝试多元化思考解决问题的方法，形成创新意识。
- ✓ 充分运用所学的知识解决实训问题，具备较强的应用意识和实践能力。

情感、态度和价值观目标

- ✓ 在操作过程中树立电路安全意识。
- ✓ 树立团队协作意识。
- ✓ 通过探究过程，进一步熟悉电感器在汽车上的应用，学会科学分析和处理实验数据的方法以及总结物理规律的方法。
- ✓ 体验探究过程中的快乐，通过电感器自感应电路的连接，在更短时间内达到更好的工艺要求目标，培养走向成功的精益求精的匠人精神。

项目一　常用基础元件、电子元器件及测量

姓名		班级		日期	

 ## 任务导入

　　在汽车上，很多传感器或执行器元件都是跟电感密切相关的，通过电磁原理来实现汽车上的各种功能。例如，控制前照灯的点亮和熄灭的继电器、获取车速的车速传感器等。因此，汽车技术人员需要理解电感器的基本工作原理，并能对照简单电路图连接电感电路，运行并检查其功能。

任务书

　　＿＿＿＿＿＿＿＿＿是一名新能源汽车维修学员。新能源汽车维修工班＿＿＿＿＿＿＿组接到了学习电感的任务。班长根据作业任务对班组人员进行了合理分工，同时强调了学习电感知识的重要性。＿＿＿＿＿＿＿接到任务后，按照操作注意事项和操作要点进行电感基础知识的学习。

 ## 任务分组

班级		组号		指导老师	
组长		学号			
组员	姓名：　　　　学号：		姓名：　　　　学号：		
	姓名：　　　　学号：		姓名：　　　　学号：		
	姓名：　　　　学号：		姓名：　　　　学号：		
	姓名：　　　　学号：		姓名：　　　　学号：		
任 务 分 工					

 ## 获取信息

一、电感器的基础知识

1. 线圈与电感

　　基本线圈是指缠绕在一个固体上的导线(但不一定要有这个固体，它主要用于固定较细的导线)。线圈有不同的电路符号，如图1-4-1所示。

　　线圈最重要的物理特性是其电感，一个线圈的电感是在自身绕组中将电能转化为磁能的能力。电感用 L 表示，单位是 H(亨利)。实际使用的线圈电感值低于 1 H，常用的单位

项目一　常用基础元件、电子元器件及测量

姓名		班级		日期	

有 mH(毫亨)和 μH(微亨)。

电感器是一个电抗器件。在电路中，一条特殊的印制铜线就可以构成一个电感器。电感器的主要特性是将电能转化为磁能，它是一个储存磁场能量的元件。电感通低频、阻高频；通直流、阻交流。电感器通常用作扼流圈。在高频电路中，电感器常被用作高频放大器的负载。电感对信号有阻碍作用，称为感抗。

(a) 没有铁芯的线圈　　(b) 有铁芯的线圈

图 1-4-1　线圈的两种电路符号

除电感外，实际线圈还具有其他一些(通常是不希望出现的)特性，例如电阻或电容。在线圈中放入一个铁芯可使磁场强度增大 1000 倍(铁芯不是电路的一部分)。带有铁芯的线圈称为电磁铁。只有当电流经过线圈时，铁芯才保持磁性。在汽车应用中，这个原理用于继电器、电磁阀等各种器件。

2. 电磁学的工作原理

在每个载流导体周围都有一个磁场，磁力线的形状为闭合的曲线。载流导体周围磁力线的方向可通过右手螺旋定则确定。

导体或线圈在磁场中移动时，导体或线圈内就会产生一个电压。磁场强度改变时，导体或线圈内也会产生电压。该过程称为电磁感应，产生的电压称为感应电压。感应电压的大小取决于磁场强度、导体或线圈在磁场中的移动速度、线圈的圈数。在汽车上应用这个原理的器件和部件有电磁感应式传感器、点火线圈和发电机等。

温馨提示

> ➢ 流入导体的电流用□表示，流出导体的电流用⊙表示。

不断变化的电流经过线圈时，线圈周围就会产生一个不断变化的磁场。电流每变化一次，线圈内都会产生一个自感应电压，该电压产生的目的是抵消电流变化。电感对磁场变化(建立和消失)的反作用与物理学中的惯性原理相似。例如赛车加速时，其惯性就会克服加速效果；制动时，由于赛车的惯性，需要一段时间赛车才能完全静止。自感应电压越来越大的条件是电感 L 越来越大、电流变化越来越大、电流变化时间越来越短。

姓名		班级		日期	

项目一 常用基础元件、电子元器件及测量

二、电感器的连接

1. 电感器的串联

把两个或两个以上的电感器连接成一串,这种连接方式称为电感器的串联,如图 1-4-2 所示。多个电感器构成的串联电路,可以用一个等效电感来代替。两个电感器串联的等效电感为

$$L = L_1 + L_2$$

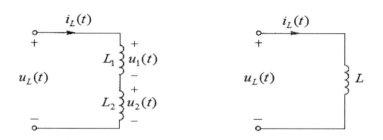

图 1-4-2　电感器的串联及等效电路

2. 电感器的并联

把两个或两个以上的电感器并列地连接在两点之间,使每一个电感器两端承受的电压相同的连接方式称为电感器的并联,如图 1-4-3 所示。多个电感器构成的并联电路,可以用一个等效电感来代替。两个电感器并联的等效电感为

$$\frac{1}{L} = \frac{1}{L_1} + \frac{1}{L_2}$$

$$L = \frac{L_1 L_2}{L_1 + L_2}$$

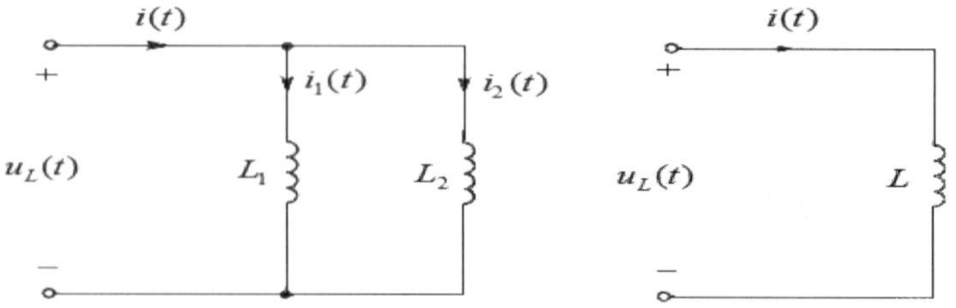

图 1-4-3　电感器的并联及等效电路

姓名		班级		日期	

三、电感在汽车电路中的应用

电感线圈广泛应用在汽车电路中，如汽车的曲轴位置传感器、电磁阀、继电器、电喇叭、喇叭继电器、热线式闪光继电器等。汽车的点火系统就是基于点火线圈的自感电动势产生过电压、储存点火能量进行点火的。汽车电火花塞点火线圈电路图如图 1-4-4 所示。点火线圈的任务是将蓄电池电压转化成所需的点火电压。在此过程中，点火能量(通过初级绕组的电流)作为磁能临时存储在点火线圈的铁芯内。初级绕组电流切断后，磁场削弱并在次级绕组内产生约 30 kV 的高电压。

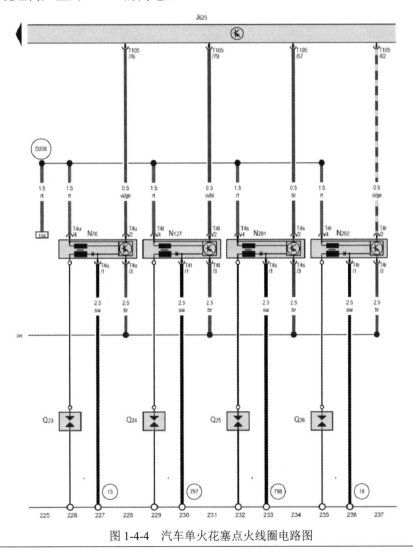

图 1-4-4　汽车单火花塞点火线圈电路图

项目一 常用基础元件、电子元器件及测量

姓名		班级		日期	

任务计划

一、电感器的检测基本内容

(1) 按照如图 1-4-5 所示的实验电路图连接电路。

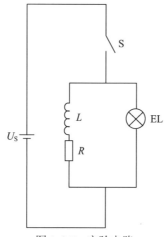

图 1-4-5 实验电路

(2) 记录电感器实验的测量结果。

二、制订电感器的检测的基本流程

在教师的指导下，查阅相关资料，小组讨论并制订电感器的检测的基本流程。

步骤	作 业 内 容

项目一 常用基础元件、电子元器件及测量

姓名		班级		日期	

 任务决策

各小组选派代表阐述任务计划，小组间相互讨论、提出不同的看法，教师总结点评，完善方案。

 任务实施

在教师的指导下完成分组，小组成员合理分工，完成电感器的检测任务。

"电感器的检测"任务实施表

班级		姓名	
小组成员		组长	
操作员		监护员	
记录员		评分员	

任务实施流程

序号	作业内容	作业具体内容		结果记录
1	作业准备	检查电气实验箱及附件是否齐全		□是　□否
		检查实验工位通电是否正常		□是　□否
		检查万用表功能是否正常		□是　□否
		评估实验工位区域风险等级是否合格		□是　□否
2	测量结果	将线圈与电路其余部分隔离，测量其电阻为_____Ω		□是　□否
		电路中、开关 S 闭合瞬间，灯泡的亮度变化情况为( )	A. 不亮 B. 突然变亮	□是　□否
		电路中、开关断开瞬间、灯泡的亮度变化情况为( )	A. 一直亮 B. 突然变暗 C. 缓慢变暗	□是　□否
3	作业场地恢复	万用表复位及关闭		□是　□否
		恢复电气实验箱内元器件及导线		□是　□否
		断电检查		□是　□否
		清洁、整理场地		□是　□否

项目一　常用基础元件、电子元器件及测量

姓名		班级		日期	

 质量检查

一、小组自检

各小组根据任务实施的记录结果，对本小组的作业内容进行再次确认。

序号	检 查 项 目	检查结果
1	作业前检查电气实验箱及附件是否齐全	□是　□否
2	作业前实验工位通电是否正常	□是　□否
3	作业前检查万用表功能是否正常	□是　□否
4	正确使用电气实验箱	□是　□否
5	正确记录测量数据	□是　□否
6	按照 8S 管理规范恢复仪器和场地	□是　□否

二、教师检查

教师根据各小组作业完成情况进行质量检查，选择优秀小组成员进行作业情况汇报，针对作业过程中出现的问题提出改进措施与建议。

作业问题及改进措施：

_____

_____

_____

_____

课后提升

以小组为单位查阅资料，了解电感器在汽车上使用的实例。

评价反馈

小组内合理分工，交换操作员、监护员、记录员、评分员角色，完成作业任务后，结合个人、小组在课堂中的实际表现进行总结与反思。

1. 请小组成员对完成本次工作任务的情况进行评分。

项目一 常用基础元件、电子元器件及测量

姓名		班级		日期	

"电感器的检测"作业评分表

序号	作业内容	评 分 要 点	配分	得分	判罚依据
1	作业准备 (4分)	□未着工装，扣2分	2		
		□佩戴金属配饰，扣2分	2		
2	检查设备 (6分)	□未检查电气实验箱及附件是否齐全，扣2分	2		
		□未检查实验工位通电是否正常，扣2分	2		
		□未检查万用表功能是否正常，扣2分	2		
3	记录测量数据 (14分)	□未按正确流程打开电学实验箱，扣4分	4		
		□未正确测量电阻，扣4分	4		
		□未正确记录灯泡亮度的变化，扣6分	6		
4	作业场地恢复 (6分)	□未正确使用示波器万用表，扣1分	1		
		□未恢复电气实验箱内元器件及导线，扣1分	1		
		□未进行断电检查，扣1分	1		
		□未清洁、整理场地，扣3分	3		
5	安全事故	□损伤、损毁设备或造成人身伤害视情节扣5～10分，特别严重的安全事故不得分			
	合　计		30		

2. 小组作业中是否存在问题？如果有问题，如何成功解决问题？

_____

_____

_____

3. 请对个人在本次工作任务中的表现进行总结和反思。

_____

_____

_____

项目一　常用基础元件、电子元器件及测量

姓名		班级		日期	

课堂笔记

项目一 常用基础元件、电子元器件及测量

姓名		班级		日期	

任务五 二 极 管

 任务目标

知识与技能目标

- ✓ 掌握二极管的基础知识。
- ✓ 掌握二极管的类型和特性。
- ✓ 了解二极管的主要参数。
- ✓ 了解二极管的应用。
- ✓ 具有识别各种二极管图形符号的能力。
- ✓ 具有区别半波整流电路和全波整流电路的能力。
- ✓ 具有测量稳压二极管导通性的能力。
- ✓ 具有搭建稳压电路和测量输出电压的能力。

过程与目标方法

- ✓ 具备从多途径的信息源中检索专业知识的能力。
- ✓ 获得分析问题和解决问题的一些基本方法。
- ✓ 尝试多元化思考解决问题的方法，形成创新意识。
- ✓ 能充分运用所学的知识解决实训问题，具备较强的应用意识和实践能力。

情感、态度和价值观目标

- ✓ 在操作过程中树立电路安全意识。
- ✓ 树立团队协作意识。
- ✓ 通过探究过程，进一步熟悉二极管的特性。学会科学分析和处理实验数据的方法，总结物理规律的方法。
- ✓ 树立正确的奋斗目标，激发自身为国家富强而努力学习的热情，不断创新、不断突破，为我国的科技发展不懈努力的精神。

项目一 常用基础元件、电子元器件及测量

姓名		班级		日期	

任务导入

二极管是最常见的电子器件，在汽车上二极管的应用随处可见，如发电机整流器、发光二极管应用在仪表盘上作为指示信号灯或报警信号灯。掌握二极管的相关知识是学习电力电子技术和分析电路必备的基础。

二极管

任务书

_____是一名新能源汽车维修学员。新能源汽车维修工班_____组接到了学习二极管的任务，班长根据作业任务对班组人员进行了合理分工，同时强调了学习二极管知识的重要性。_____接到任务后，按照操作注意事项和操作要点进行二极管基础知识的学习。

任务分组

班级		组号		指导老师	
组长		学号			
组员	姓名： 学号：			姓名： 学号：	
	姓名： 学号：			姓名： 学号：	
	姓名： 学号：			姓名： 学号：	
	姓名： 学号：			姓名： 学号：	
任 务 分 工					

获取信息

一、二极管的基础知识

自然界的物质按导电能力的强弱可分为导体、绝缘体和半导体3类。导体是容易导电的物质；绝缘体是电流几乎不能通过的物质；半导体是导电性能介于导体和绝缘体之间的物质。半导体的导电能力会根据周围状态或条件的改变而改变，如温度、光照、掺杂质等。

1. 载流子

在导体和半导体中能够承载定向电流的带电粒子称为载流子。半导体中的载流子是自

项目一　常用基础元件、电子元器件及测量

姓名		班级		日期	

由电子和空穴。

半导体的导电性能与载流子的数目相关。半导体中的载流子如图 1-5-1 所示。

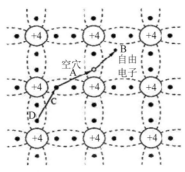

图 1-5-1　半导体中的载流子

如果在半导体两端外加一个电场，一方面自由电子会产生定向移动形成电子流，另一方面由于空穴带正电，电子受到空穴的吸引会按照一定的方向依次填补空穴。电子填补各空穴后，会在原来位置形成一个空穴，这样相当于空穴产生定向移动，形成空穴流。如图 1-5-1 所示，电子移动的方向是 D→C→A→B，空穴移动的方向是 A→C→D。半导体中的电流是由电子流和空穴流共同构成的，即半导体有自由电子和空穴两种粒子参与导电。

晶格完整且不含杂质的晶体半导体称为本征半导体。通过扩散工艺，在本征半导体中掺入少量合适的杂质元素，便可得到杂质半导体。按掺入的杂质元素的不同，可形成 N 型半导体和 P 型半导体。控制掺入杂质元素的浓度，就可控制杂质半导体的导电性能。

在硅晶体中掺入微量的五价元素(如磷)，磷原子持有的 5 个价电子中的 4 个和硅(Si)原子一样，通过其价键与邻接原子紧密结合，剩下的 1 个价电子不产生共价键，而是根据室温高低成为自由电子。这个自由电子将旁边的价电子赶出，取代它的位置，被赶出的价电子又变为自由电子，再将旁边的其他价电子赶出。这样，晶体中自由电子数目要比空穴数目多，故称自由电子为多数载流子(简称为多子)，而空穴为少数载流子(简称为少子)。这种杂质半导体为电子型半导体，简称为 N 型半导体，如 1-5-2 所示。

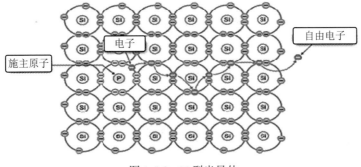

图 1-5-2　N 型半导体

项目一　常用基础元件、电子元器件及测量

姓名		班级		日期	

在硅晶体中掺入微量的三价元素(如硼)，硼元素具有 3 个价电子，与硅相比少 1 个价电子。邻接硅原子中的价电子通过微量热能变为自由电子，被受主原子吸收。被吸收的价电子的原有位置成为空穴，进一步吸收邻接硅原子中的价电子。这样，空穴数目将显著增多，自由电子数目相对则很少。这时，空穴为多子，自由电子为少子。这种杂质半导体为空穴型半导体，简称为 P 型半导体，如图 1-5-3 所示。

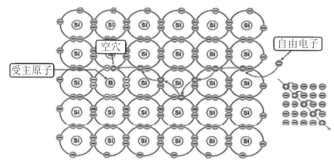

图 1-5-3　P 型半导体

2. PN 结

半导体元件由 P 型掺杂材料和 N 型掺杂材料制造。掺杂部位的过渡区对于半导体元件的功能而言至关重要，在过渡接合界面上形成了一个区域，游离载流子从该区域越过界面扩散出来。于是，电子穿越进 P 区，而空穴穿越进 N 区，这就引起了重组现象，结果几乎所有的游离载流子均被键合，会形成一个耗尽层，其中不存在任何游离的载流子。P 区和 N 区的载流子运动如图 1-5-4 所示。

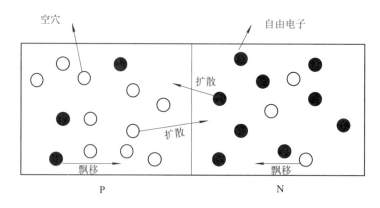

图 1-5-4　P 区和 N 区的载流子运动

3. 正、反向偏置

1) 正向偏置

如果一个电压源的负极端被连接至 N 区，正极端连接至 P 区，则会形成一个电场。

项目一　常用基础元件、电子元器件及测量

姓名		班级		日期	

该电场使来自负极端的额外游离电子被推入 N 区，而 P 区中的电子则被拉至正极端，于是空穴移向正极端，耗尽层就会变薄，如图 1-5-5 所示。

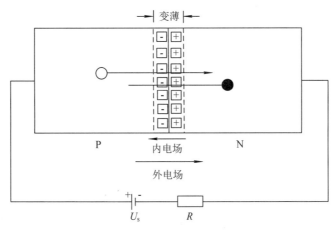

图 1-5-5　正向偏置

如果电压升高，耗尽层会完全消失，于是电流开始流动。形成电流时所施加的电压取决于该半导体材料，电压称为正向电压 U。

典型情况下，锗二极管的正向电压约为 0.3 V，硅二极管的正向电压约为 0.7 V。

2) 反向偏置

如果一个电压源的正极端被连接至 N 区，负极端连接至 P 区，就形成了一个电场。该电场使 N 区中的游离电子流向正极端，而 P 区中的空穴被来自负极端的电子充斥，耗尽层就会变宽，如图 1-5-6 所示。

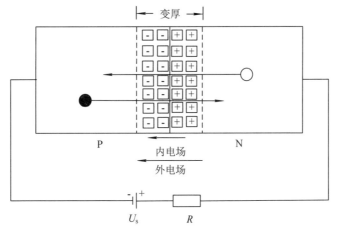

图 1-5-6　反向偏置

如果电压升高，耗尽层也会相应变宽。一旦耗尽层膨胀至充满晶体的整个宽度，电压

姓名		班级		日期	

项目一　常用基础元件、电子元器件及测量

的进一步上升将引起一个突发的强劲电流,该电流会击穿 PN 结。耗尽层扩大至充满整个晶体时的电压被称为最大反向电压。

二、二极管的类型和特性

将 PN 结用外壳封装起来并加上电极引线就构成了半导体二极管,简称二极管。由 P 区引出的电极称为阳极,由 N 区引出的电极称为阴极。二极管的结构示意图及符号如图 1-5-7 所示。

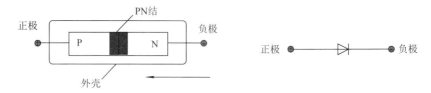

图 1-5-7　二极管的结构示意图及符号

1. 二极管的分类

二极管的种类很多,按材料分主要有硅二极管(简称硅管)和锗二极管(简称锗管);按结构分有点接触型、面接触型和平面型,如图 1-5-8 所示;按用途分,有整流二极管、稳压二极管、发光二极管、光电二极管和检波二极管等。常见二极管的外形如图 1-5-9 所示。

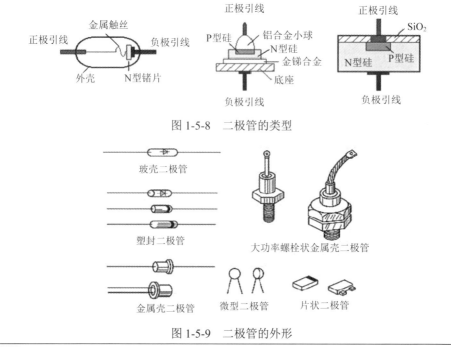

图 1-5-8　二极管的类型

图 1-5-9　二极管的外形

项目一　常用基础元件、电子元器件及测量

姓名		班级		日期	

2. 二极管伏安特性

二极管伏安特性是指加在二极管两端的电压 U 和在此电压作用下通过二极管的电流 I 之间的关系曲线。图 1-5-10 所示为硅管和锗管的伏安特性曲线，从图中可以看出，二极管是非线性元件。

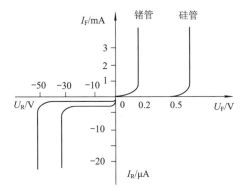

图 1-5-10　硅管和锗管的伏安特性曲线

由图 1-5-10 可知，二极管的伏安特性有如下特点。

(1) 当二极管两端电压 U 为零时，通过二极管的电流也为零。

(2) 当外加正向电压很小时，外加电压不足以克服内电场对多数载流子扩散运动的阻力，正向电流很小，近似为零。当外加正向电压超过某个数值后，内电场被大幅削弱，多数载流子的扩散运动增强，电流随电压增大而迅速增大，二极管才真正导通。这个电压值称为死区电压，其大小与二极管的材料及环境温度有关。在室温下，硅管的死区电压约为 0.5 V，锗管的死区电压约为 0.1 V。

(3) 二极管正向导通后，当正向电流在一定范围内变化时，二极管的正向压降基本不变，硅管为 0.6～0.8 V，锗管为 0.2～0.3 V。这是因为外电场极大地削弱了内电场后，正向电流的大小取决于半导体材料的电阻。

(4) 当外加反向电压不是很大时，由于少数载流子的漂移运动形成很小的反向电流。温度一定时，少数载流子的数目基本恒定，反向电流不随外加反向电压的大小变化而变化，故称它为反向饱和电流，常用 I_{RM} 表示。温度升高时，I_{RM} 按指数规律增大。

(5) 当外加反向电压超过某一定值时，反向电流急剧增大，这种现象称为反向击穿，对应的反向电压值称为二极管的反向击穿电压。二极管的反向击穿电压通常为几十到几百伏，最高可达千伏以上。综上所述，二极管具有单向导电性。

3. 二极管的主要参数

(1) 最大整流电流 I_F。最大整流电流是二极管长期运行时允许通过的最大正向平均电流，其值与 PN 结面积及外部散热条件等有关。在规定的散热条件下，二极管正向平均电流若超过此值，将因结温过高而烧坏。

项目一　常用基础元件、电子元器件及测量

姓名		班级		日期	

(2) 最高反向工作电压 U_{RM}。最高反向工作电压是二极管工作时允许外加的最大反向电压，超过此值时，二极管有可能因反向击穿而损坏。

(3) 最大反向电流 I_{RM}。最大反向电流是二极管在一定的环境温度下，加最高反向工作电压 U_{RM} 时所测得的反向电流值(又称为反向饱和电流)。I_{RM} 越小，说明二极管的单向导电性越好。二极管对温度很敏感，常温下，硅管的 I_{RM} 一般不到 10 μA，锗管的 I_{RM} 较大，为几十到几百微安。

4. 二极管的应用

二极管是电子电路中最常见的半导体器件。利用其单向导电性及导通时正向压降很小的特点，可用来进行钳位、限幅、元器件保护、整流、检波等各项工作。

(1) 钳位。利用二极管正向导通时压降很小的特性，可组成钳位电路，如图 1-5-11 所示。图中若 A 点电位 $U_A = 0$，因二极管 VD 正向导通，其压降很小，故 F 点的电位也被钳制在零伏左右，即 $U_F \approx 0\,\text{V}$。

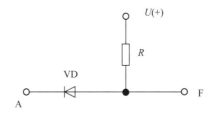

图 1-5-11　二极管钳位电路图

(2) 限幅。利用二极管正向导通后其两端电压很小且基本不变的特点，可以组成各种限幅电路，即使输出电压的幅值不超过某一数值。如图 1-5-12(a)所示，图中两个二极管反向并联，设输入电压 u_i 为正弦波，其幅值大于 0.7 V。当 $u_i \geqslant 0.7\,\text{V}$ 时，二极管 VD_1 导通；当 $u_i < 0.7\,\text{V}$ 时，二极管 VD_2 导通。输出电压 u_o 的值被限制在 $-0.7 \sim +0.7\,\text{V}$ 之间。二极管双向限幅电路的输入、输出波形如图 1-5-12(b)所示。

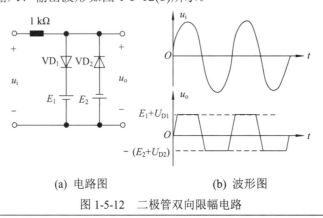

(a) 电路图　　　　　(b) 波形图

图 1-5-12　二极管双向限幅电路

项目一　常用基础元件、电子元器件及测量

姓名		班级		日期	

（3）元器件保护。在电子电路中，常用二极管来保护其他元器件免受过高电压的损害。图 1-5-13 所示为二极管保护作用电路。开关 S 接通时，电源 E 给线圈供电，L 中有电流流过，储存了磁场能量，在开关 S 由接通到断开的瞬间，电流突然中断，L 中将产生一个高于电源电压许多倍的自感电动势 e_L。自感电动势 e_L 与电源电动势 E 叠加后作用在开关 S 的端子上，可能在 S 的两端子间产生电弧，电火花放电，它将严重干扰设备的正常工作，甚至将开关 S 烧坏。接入二极管 VD 后，e_L 将通过 VD 产生放电电流 i，使 L 中储存的磁场能量得到释放，线圈两端的电压被抑制在 0.7 V 左右，从而保护了开关 S。

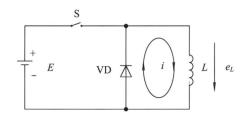

图 1-5-13　二极管保护作用电路图

三、稳压二极管

1. 稳压二极管的定义

稳压二极管(少数情况下简称为 Z 形二极管)也称为齐纳二极管，是一种硅材料制成的面接触型晶体二极管，其电路符号和外形如图 1-5-14 所示。

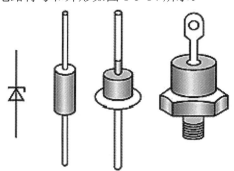

图 1-5-14　稳压二极管的电路符号和外形

2. 稳压二极管的功能

稳压二极管作为电压限制元件具有非常重要的地位，其伏安特性曲线如图 1-5-15 所示。从特性曲线可以看出，稳压二极管的正向特性和普通二极管相近，当反向电压达到反向击穿电压时，稳压二极管的两端电压基本恒定在击穿电压左右，而流过稳压二极管的反向电流可在很大范围内变化。

项目一　常用基础元件、电子元器件及测量

姓名		班级		日期	

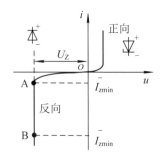

图 1-5-15　稳压二极管的伏安特性曲线

　　交流电经过整流和滤波电路后，波形有较小的波动。为了得到更加平直的直流电，在滤波电路和负载之间还应接入稳压电路，以保证输出稳定的电压。由稳压二极管和限流电阻组成的稳压电路是最简单的稳压电路，如图 1-5-16 所示。

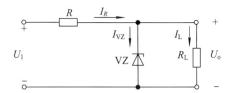

图 1-5-16　稳压二极管和限流电阻组成的稳压电路

四、发光二极管

1. 发光二极管的定义

　　发光二极管简称 LED (Light-Emitting Diode)，由含镓(Ga)、砷(As)、磷(P)及氮(N)等的化合物制成。发光二极管不像常见的白炽灯泡，它没有灯丝，而且又不会发热，需由半导体材料里的电子移动而使其发光。常见发光二极管的外形、结构和符号如图 1-5-17 所示。

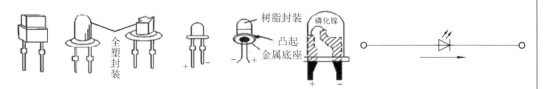

图 1-5-17　常见发光二极管的外形、结构和符号

2. 发光二极管的特性

　　发光二极管和普通二极管一样，是由一个 PN 结组成的，具有单向导电性，只有在正

项目一　常用基础元件、电子元器件及测量

姓名		班级		日期	

向导通时才能发光。将发光二极管正向连接在电路中，如图 1-5-18 所示，二极管发光；将发光二极管反向连接在电路中，如图 1-5-19 所示，二极管不发光，此时测得二极管的压降为电源电压，说明电路为断路状态。

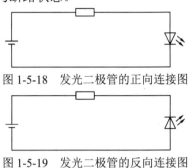

图 1-5-18　发光二极管的正向连接图

图 1-5-19　发光二极管的反向连接图

 ## 任务计划

一、二极管检测的基本内容

(1) 按照如图 1-5-20 所示的实验电路图连接电路。

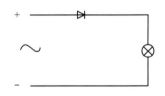

图 1-5-20　实验电路

(2) 正确检测实验电路的电流波形。

二、制订二极管检测的基本流程

在教师的指导下，查阅相关资料，小组讨论并制订二极管检测的基本流程。

步骤	作业内容

项目一 常用基础元件、电子元器件及测量

姓名		班级		日期	

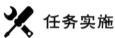 任务决策

各小组选派代表阐述任务计划，小组间相互讨论，提出不同的看法，教师总结点评，完善方案。

任务实施

在教师的指导下完成分组，小组成员合理分工，完成二极管检测的任务。

"二极管检测"任务实施表

班级		姓名	
小组成员		组长	
操作员		监护员	
记录员		评分员	

任务实施流程

序号	作业内容	作业具体内容		结果记录
1	作业准备	检查电气实验箱及其附件是否齐全		□是　□否
		检查实验工位通电是否正常		□是　□否
		检查示波器、万用表的功能是否正常		□是　□否
		评估实验工位区域的风险等级是否合格		□是　□否
2	测量结果	观察灯泡是否亮(　)	A. 是　B. 否	□是　□否
		画出输入电压的波形		□是　□否
		画出灯泡电压的波形		□是　□否
		(1) 稳压二极管正向测量，电阻值为(　　)Ω		□是　□否
		(2) 稳压二极管反向测量，电阻值为(　　)Ω		
3	测量结果分析	稳压二极管正向(□导通□截止)；反向(□导通□截止)		□是　□否
4	作业场地恢复	示波器关闭		□是　□否
		恢复电气实验箱内元器件及导线		□是　□否
		断电检查		□是　□否
		清洁、整理场地		□是　□否

项目一　常用基础元件、电子元器件及测量

姓名		班级		日期	

♻ 质量检查

一、小组自检

各小组根据任务实施的记录结果，对本小组的作业内容进行再次确认。

序号	检 查 项 目	检查结果
1	作业前检查电气实验箱及附件是否齐全	□是　□否
2	作业前实验工位通电是否正常	□是　□否
3	作业前检查示波器、万用表功能是否正常	□是　□否
4	正确使用电气实验箱	□是　□否
5	正确记录测量数据	□是　□否
6	按照 8S 管理规范恢复仪器和场地	□是　□否

二、教师检查

教师根据各小组作业完成情况进行质量检查，选择优秀小组成员进行作业情况汇报，针对作业过程中出现的问题提出改进措施与建议。

作业问题及改进措施：

_____

_____

_____

_____

课后提升

以小组为单位查阅资料，了解二极管在车上使用的实例。

📊 评价反馈

小组内合理分工，交换操作员、监护员、记录员、评分员角色，完成作业任务后，结合个人、小组在课堂中的实际表现进行总结与反思。

1. 请小组成员对完成本次工作任务的情况进行评分。

项目一　常用基础元件、电子元器件及测量

姓名		班级		日期	

"二极管检测"作业评分表

序号	作业内容	评 分 要 点	配分	得分	判罚依据
1	作业准备 （4分）	□未着工装，扣2分	2		
		□佩戴金属配饰，扣2分	2		
2	检查设备 （6分）	□未检查电气实验箱及附件是否齐全，扣2分	2		
		□未检查实验工位通电是否正常，扣2分	2		
		□未检查万用表、示波器功能是否正常，扣2分	2		
3	记录测量数据 （10分）	□未按正确流程打开电学实验箱，扣3分	3		
		□未正确测量线路电压波形，扣3分	3		
		□未正测量线路电阻，扣4分	4		
4	测量结果分析 （4分）	□未正确对测量结果进行分析，扣4分	4		
5	作业场地恢复 （6分）	□未关闭示波器、万用表，扣1分	1		
		□未恢复电气实验箱内元器件及导线，扣1分	1		
		□未进行断电检查，扣1分	1		
		□未清洁、整理场地，扣3分	3		
6	安全事故	□损伤、损毁设备或造成人身伤害，视情节扣5～10分，特别严重的安全事故不得分			
		合　　计	30		

2. 小组作业中是否存在问题？如果有问题，如何成功解决问题？

_____

_____

3. 请对个人在本次工作任务中的表现进行总结和反思。

_____

_____

项目一　常用基础元件、电子元器件及测量

姓名		班级		日期	

课堂笔记

项目二　新能源汽车检测仪器及维修工具

姓名		班级		日期	

任务一　常用绝缘工具的认知

 任务目标

知识与技能目标

- ✓ 能够准确阐述高压安全防护的含义。
- ✓ 能够准确认识人员防护。
- ✓ 能够准确认识车辆防护。
- ✓ 能够准确制订车辆防护方案，并规范使用设备和工具。
- ✓ 能够准确认识常见的绝缘维修工具。
- ✓ 能够准确认识常用的绝缘维修设备。
- ✓ 能够在维修车辆高压部件时，按规定使用绝缘工具。

过程与目标方法

- ✓ 具备从多途径的信息源中检索专业知识的能力。
- ✓ 获得分析问题和解决问题的一些基本方法。
- ✓ 尝试多元化思考解决问题的方法，形成创新意识。
- ✓ 能充分运用所学的知识解决实训问题，具备较强的应用意识和实践能力。
- ✓ 可积极主动与小组成员交流、讨论学习成果，取长补短，完成自我提升。

情感、态度和价值观目标

- ✓ 通过让学生阐述各种安全防护的含义，提升学生的语言组织及表达能力。
- ✓ 能严格遵守岗位操作规程，确保工具、设备和自身的安全。
- ✓ 具备良好的职业道德，尊重他人劳动，不窃取他人成果。
- ✓ 养成定期反思与总结的习惯，改进不足，精益求精。
- ✓ 具有良好的团队协作精神和较强的组织沟通能力。
- ✓ 通过认识常用绝缘维修工具，树立安全第一的意识。

项目二　新能源汽车检测仪器及维修工具

姓名		班级		日期	

 任务导入

常用绝缘工具的认知

　　王师傅在对新能源汽车进行维修时，不慎被高压电击中，事故原因是没有做绝缘防护和断电保护。由于新能源汽车使用了高压蓄电池，因此维修技师在对新能源汽车进行维修时特别要注意高压电的危害。作为一名未来的新能源汽车维修人员，通过学习车辆的安全防护知识，认识和熟悉常见的绝缘工具和设备，就能大大降低安全事故的概率，提高自我保护意识和安全第一的意识。

 任务书

　　_____是一名新能源汽车维修学员。新能源汽车维修工班_____组接到了学习常见的绝缘工具和设备的任务，班长根据作业任务对班组人员进行了合理分工，同时强调了车辆高压安全防护的重要性。_____接到任务后，按照操作注意事项和操作要点进行常用绝缘维修工具设备使用的学习。

 任务分组

班级		组号		指导老师	
组长		学号			
组员	姓名：　　　　学号：			姓名：　　　　学号：	
	姓名：　　　　学号：			姓名：　　　　学号：	
	姓名：　　　　学号：			姓名：　　　　学号：	
	姓名：　　　　学号：			姓名：　　　　学号：	
任务分工					

 获取信息

一、车辆高压安全防护

　　新能源汽车具有高压部件，其在运行时产生的高压电在 200～700 V 之间，足以致人触电身亡，出现重大安全事故。新能源汽车维修的危险系数很高，因此在维修过程中必须做好车辆高压安全防护，正确使用新能源汽车维修的绝缘工具和绝缘设备。

姓名		班级		日期	

1. 人员防护

作为一名专业的新能源汽车维修工，在进行维修作业时，穿戴好防护用品是职业化形象的具体体现，也是提升自我保护意识和安全生产的具体要求。

1) 绝缘手套

绝缘手套是维修带电作业的常备绝缘工具。不同于一般劳保塑胶手套，绝缘手套是指具有一定的电气性能(至少能防 1000 V 的高压)的专用绝缘手套，如图 2-1-1 所示。在使用绝缘手套时，要进行气密性检测，如图 2-1-2 所示。原因是技工佩戴绝缘手套时容易出汗，汗液顺着缝隙流出容易导致维修人员触电。进行气密性检测的方法是：将手套从口部向上卷，用力将空气挤压至手指部分，看手套是否漏气，如有则不能使用。

图 2-1-1　绝缘手套

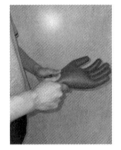

图 2-1-2　绝缘手套气密性检测

2) 护目镜

护目镜是新能源汽车维修工作的防护用品之一。在电动汽车维修时，其高压部件放电产生的弧光具有高温和高亮度的特点，会对眼睛造成伤害，佩戴专业的护目镜是必不可少的防护，如图 2-1-3 所示。在佩戴护目镜时要注意：应选择经产品检验机构检验合格的产品，维修人员佩戴自己眼镜的同时可以佩戴护目镜。

图 2-1-3　护目镜

3) 绝缘防护服

绝缘防护服具有耐热、阻燃、耐老化、耐高压等特点，可防止 10 kV 以下的高压，防护服内外表面无闪烁、击穿及发热现象。在经过长时间高温作用下，绝缘防护服不粘、不脆。绝缘防护服的袖口、裤腿以及腰部可以收起来，能够有效地提高维修作业的安全性，如图 2-1-4 所示。

项目二　新能源汽车检测仪器及维修工具

姓名		班级		日期	

图 2-1-4　绝缘防护服

4) 绝缘鞋、绝缘垫

绝缘鞋、绝缘垫一般会在维修充电设备作业中用到。它们的作用是使人体与地面绝缘，防止电流通过人体与大地之间构成通路，从而防止人体触电，如图 2-1-5、图 2-1-6 所示。根据耐压程度的不同，绝缘鞋有 5 kV、6 kV、20 kV 等不同等级的防护。

图 2-1-5　绝缘鞋　　　　　　　　　　　　图 2-1-6　绝缘垫

5) 安全帽

安全帽可以有效地保护维修人员的头部，防止受到伤害，如图 2-1-7 所示。维修人员在现场作业时，不得将安全帽随意脱下，搁置一旁或当坐垫使用。

图 2-1-7　安全帽

2. 车辆防护

在进行车辆维修作业时，需要对车内车外都做好安全防护工作。车外首先安装好车轮挡块，防止汽车溜车，如图 2-1-8 所示；车内应铺好地板垫、座椅套、方向盘套，如图 2-1-9

项目二　新能源汽车检测仪器及维修工具

姓名		班级		日期	

所示；其次安装好前罩、翼子板布三件套，如图 2-1-10 所示。这不仅仅体现了保护车辆和维修人员，还体现了客户至上的理念。

图 2-1-8　车轮挡块　　　图 2-1-9　汽车维修车内三件套　　　图 2-1-10　汽车维修车外三件套

温馨提示

> 有人认为停车时手刹拉上就行了，车轮挡块放不放都行。下面引用一个新闻案例来证明车轮挡块的重要性。2024 年 4 月 30 日，新疆托克逊县人民检察院公开审理了一起过失致人死亡案件，男子孙某是一名汽车维修工，在矿场修理矿车时车辆发生溜车，致右前方陈某被碾压，不幸当场死亡，孙某也因过失致人死亡被依法提起公诉。这个案例说明虽然车轮挡块是个不起眼的小东西，可它对维修人员的人身安全起着重要作用。

想一想

自己去汽车美容店或 4S 电维修保养汽车时，有没有使用车内三件套和车外三件套？如果你是店员，能否正确布置车内外三件套？

二、常见的绝缘工具、设备

绝缘工具是在电动汽车维修当中最常见使用范围很广的一种工具，特别是在维修一些高压部件时，可以隔绝电源对人体的危害，确保人员工作安全。

1. 常见的绝缘维修工具

绝缘维修工具是使用绝缘橡胶覆盖在工具表面，以防止电流从表面通过，帮助维修人员在维修高压部件时保护安全，同时减少意外事故发生的风险，如表 2-1-1 所示。与传统的普通工具相比，专业绝缘工具绝缘橡胶附着面积更大，绝缘层一般用红、黄两色进行标识，且具有耐高压、阻燃、防滑、耐腐蚀等特点。

项目二　新能源汽车检测仪器及维修工具

姓名		班级		日期	

表 2-1-1　常见的绝缘维修工具

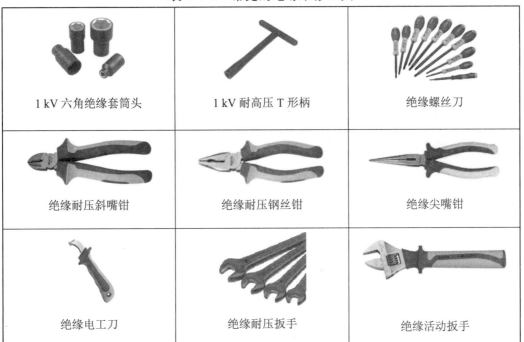

1 kV 六角绝缘套筒头	1 kV 耐高压 T 形柄	绝缘螺丝刀
绝缘耐压斜嘴钳	绝缘耐压钢丝钳	绝缘尖嘴钳
绝缘电工刀	绝缘耐压扳手	绝缘活动扳手

2. 常见的绝缘维修设备

常见的绝缘维修设备有数字式万用表、交直流钳形表、绝缘电阻表和接地电阻仪等，如图 2-1-11～图 2-1-14 所示。在新能源汽车的维修过程中，需要这些仪器测量电路的导通和中断，确认电路中是否有电压、电流通过。数字万用表是维修用电设备常用的仪器，可以对电路的电流、电压和电阻进行测量；交直流钳形表是将电流互感器和电流表相结合，不需要断开电路就可以直接测量电路交流电流的便携式仪器；绝缘电阻表俗称兆欧表，主要用来检测用电设备的绝缘电阻，保证设备、电器和线路工作在正常状态，避免发生触电伤亡及设备损坏；接地电阻表主要用于测量用电设备和避雷装置的接地电阻。

图 2-1-11　数字万用表　　　　　　　　图 2-1-12　交直流钳形表

项目二 新能源汽车检测仪器及维修工具

姓名		班级		日期	

图 2-1-13　绝缘电阻表

图 2-1-14　接地电阻仪

想一想

新能源汽车常用维修工具和设备有哪些？如何使用它们？

 任务计划

一、阐述高压安全防护的内容

(1) 人员防护有哪些。
(2) 车辆防护有哪些。

二、制订车辆防护方案

在教师的指导下，查阅相关资料，小组讨论并制订使用人员防护与车辆防护的基本流程。

步骤	作业内容

项目二 新能源汽车检测仪器及维修工具

姓名		班级		日期	

三、准确识别常见绝缘维修工具和设备

(1) 准确认识常见的绝缘维修工具。

(2) 准确认识常见的绝缘维修设备。

 任务决策

各小组选派代表阐述任务计划，小组间相互讨论，提出不同的看法，教师总结点评，完善方案。

任务实施

在教师的指导下完成分组，小组成员合理分工，制订车辆防护方案。

"制定车辆防护方案"任务实施表

班级		姓名	
小组成员		组长	
操作员		监护员	
记录员		评分员	

任务实施流程

序号	作业内容	作业具体内容	结果记录
1	作业准备	检查场地周围环境	□是 □否
		检查着装及配饰	□是 □否
2	人员防护	绝缘手套进行气密性检测	□是 □否
		绝缘服着装标准	□是 □否
		绝缘鞋、安全帽、护目镜正确佩戴	□是 □否
3	车辆防护	安装前后车轮挡块	□是 □否
		安装车外三件套	□是 □否
		安装车内三件套	□是 □否
		设置隔离栏和警示标识	□是 □否
4	作业场地恢复	清洁、整理场地	□是 □否

项目二　新能源汽车检测仪器及维修工具

姓名		班级		日期	

质量检查

一、小组自检

各小组根据任务实施的记录结果，对本小组的作业内容进行再次确认。

序号	检查项目	检查结果
1	作业前规范做好场地准备	□是　□否
2	正确设置隔离栏、警戒线	□是　□否
3	正确穿戴人员防护装备	□是　□否
4	正确布置车辆防护设施	□是　□否
5	清洁、整理场地	□是　□否

二、教师检查

教师根据各小组作业完成情况进行质量检查，选择优秀小组成员进行作业情况汇报，针对作业过程中出现的问题提出改进措施与建议。

作业问题及改进措施：

_____

_____

_____

_____

课后提升

以小组为单位查阅资料，了解常见绝缘维修设备使用方法，包括绝缘万用表、交直流钳形表、兆欧表的使用方法。

评价反馈

小组内合理分工，交换操作员、监护员、记录员、评分员角色，完成作业任务后，结合个人、小组在课堂中的实际表现进行总结与反思。

项目二　新能源汽车检测仪器及维修工具

姓名		班级		日期	

1. 请对小组成员完成本次工作任务的情况进行评分。

"制订车辆防护方案"作业评分表

序号	作业内容	评 分 要 点	配分	得分	判罚依据
1	作业准备 (4分)	□未着工装，扣2分	2		
		□佩戴金属配饰，扣2分	2		
2	人员安全防护 (6分)	□未检查绝缘手套气密性，扣2分	2		
		□未正确着装绝缘服，扣2分	2		
		□未正确佩戴安全帽、绝缘鞋、护目镜，扣2分	2		
3	车辆安全防护 (14分)	□未按正确安装前后轮挡块，扣2分	2		
		□未正确安装车内三件套，扣4分	4		
		□未正确安装车外三件套，扣2分	2		
		□未设置隔离栏和警戒标识，扣4分	4		
		□流程不规范，安装不到位，扣2分	2		
4	作业场地恢复 (6分)	□未整理人员安全防护装备，扣1分	1		
		□未整理车辆防护装备，扣3分	3		
		□未清洁、整理场地，扣2分	2		
5	安全事故	□损伤、损毁设备或造成人身伤害视情节扣5～10分，特别严重的安全事故不得分			
合　计			30		

2. 小组作业中是否存在问题？如果有问题，如何成功解决问题？

_____

_____

_____

3. 请对个人在本次工作任务中的表现进行总结和反思。

_____

_____

_____

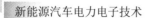 项目二 新能源汽车检测仪器及维修工具

姓名		班级		日期	

课堂笔记

项目二　新能源汽车检测仪器及维修工具

姓名		班级		日期	

任务二　龙门举升机及电池拆装举升机认识

任务目标

知识与技能目标

- ✓ 能够准确认识龙门举升机的结构和功用。
- ✓ 能够准确认识电池拆装举升机的结构和功用。
- ✓ 能够正确使用龙门举升机。
- ✓ 能够准确阐明使用龙门举升机的注意事项。
- ✓ 能够正确使用电池拆装机。
- ✓ 能够准确阐明使用电池拆装机的注意事项。
- ✓ 能够使用龙门举升机及电池拆装举升机对新能源汽车电池组进行拆装。

过程与目标方法

- ✓ 具备从多途径的信息源中检索专业知识的能力。
- ✓ 获得分析问题和解决问题的一些基本方法。
- ✓ 尝试多元化思考解决问题的方法，形成创新意识。
- ✓ 能充分运用所学的知识解决实训问题，具备较强的应用意识和实践能力。
- ✓ 可积极主动与小组成员交流、讨论学习成果，取长补短，完成自我提升。

情感、态度和价值观目标

- ✓ 通过让学生阐述龙门举升机和电池拆装举升机的用法，提升学生的语言组织及表达能力。
- ✓ 能严格遵守岗位操作规程，确保工具、设备和自身的安全。
- ✓ 具备良好的职业道德，尊重他人劳动，不窃取他人成果。
- ✓ 养成定期反思与总结的习惯，改进不足，精益求精。
- ✓ 具有良好的团队协作精神和较强的组织沟通能力。
- ✓ 通过认识龙门举升机及电池拆装举升机，学习专业化汽车维修技术。

项目二　新能源汽车检测仪器及维修工具

姓名		班级		日期	

 任务导入

　　店里来了一辆新能源汽车，据车主描述是汽车电池包出现了故障，现要对汽车电池包进行检修，需要将电池包进行拆卸。假如你是王师傅，该如何对电池包进行拆卸呢？

龙门举升机认识

 任务书

　　_____是一名新能源汽车维修学员，新能源汽车维修工班_____组接到了学习拆卸电池包的任务。班长根据作业任务对班组人员进行了合理分工，同时强调了安全作业的重要性。_____接到任务后，按照操作注意事项和操作要点进行龙门举升机和电池拆装举升机的学习。

 任务分组

班级		组号		指导老师	
组长		学号			
组员	姓名：　　　　学号：			姓名：　　　　学号：	
	姓名：　　　　学号：			姓名：　　　　学号：	
	姓名：　　　　学号：			姓名：　　　　学号：	
	姓名：　　　　学号：			姓名：　　　　学号：	
任 务 分 工					

 获取信息

一、龙门举升机

1. 龙门举升机的结构

　　龙门举升机是车辆维修和保养过程中常用的设备，其两侧立柱之间底部没有地板，便于清洁和维修工具的通行，安装时其高度不低于 4 m。龙门举升机的顶部有横梁，可以抵消两侧立柱的拉力，防止因两侧立柱地基不牢而产生倾倒，保证维修工作的安全，如图 2-2-1 所示。

项目二 新能源汽车检测仪器及维修工具

姓名		班级		日期	

图 2-2-1 龙门举升机

　　龙门举升机主要由手动阀、机械安全锁、立柱、举升臂、液压系统、启动按钮组成。其结构示意图如图 2-2-2 所示。其工作原理为：按下"上升"按钮，接触器通电吸合，电动机通电带动油泵运转，液压油经单向阀流向液压缸，推动活塞，通过链条、钢丝绳及滚轮组同步带动托臂上升，完成举托工作。当上升至指定高度时，按下"下降"按钮，举升机下滑，机械锁在弹簧弹力的作用下复位，托臂被锁住，完成锁定时方可安全作业。在下降时，先按"上升"按钮，然后卸下机械锁，按住"下降"按钮，在工作台自重和举升车辆的自重下使液压油压回到油箱，完成下降。

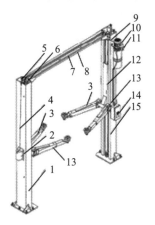

1—副立柱总成；
2—副保险罩壳；
3—短托臂；
4—保险钢丝绳；
5—叉杆；
6—同步钢丝绳；
7—中间油管；
8—衡量；
9—行程开关；
10—泵站；
11—高压油管；
12—升降架；
13—长托臂；
14—电器控制盒；
15—主力柱总成。

图 2-2-2 龙门举升机结构示意图

2. 龙门举升机的操作规程

(1) 检查周围环境，当举升车辆时，需移除周围障碍物。

(2) 将车辆缓慢行驶至举升机的中间位置，此位置能将举升机的托臂支在汽车底盘指定的支撑位置。

(3) 将车辆挂上 P 挡或拉上手刹。

(4) 对好四个支撑点，支撑点通常在汽车底盘的两侧纵梁上。

项目二　新能源汽车检测仪器及维修工具

姓名		班级		日期	

(5) 打开举升机，将车辆缓慢离地 300 mm。

(6) 侧面推动车辆，确保车辆稳定后将车辆举升到工作高度，上保险。

(7) 解除保险，下降车辆。

3. 龙门举升机使用安全注意事项

(1) 工作前，排除平台周围和下部的障碍。

(2) 升降时，举升机在左、右侧和上、下均不能站人，所升降的汽车内也不能乘坐人员。

(3) 被举升车辆的重量不得超出本机的举升能力范围。

(4) 举车时，应将抽拉支臂上的托垫对应汽车上四个固定支撑点，并锁定。

(5) 举升过程中，会伴有机械保险装置发出的撞击声，只有确定安全锁已锁固，人员方可进入工作区。

(6) 举升机不使用时，应关闭电源。

(7) 按照要求对举升机进行检查和维护。

4. 龙门举升机的维修与保养

(1) 首次使用或长时间停用后再次使用前，应先补充液压油。

(2) 定期做维护保养工作，以确保安全和延长使用寿命。每半年润滑一次钢丝绳，并检查钢丝绳，钢丝绳应符合 GB/T 5972—2023《起重机 钢丝绳 保养、维护、检验和报废》的规定。

(3) 每半年必须用汽油清洗油箱，更换洁净的液压油。

二、电池拆装举升机

1. 电池拆装举升机的结构

在对新能源汽车电池组进行维修时，需要先利用龙门举升机将车辆举升，然后使用电池拆装举升机从汽车底部将电池组进行拆卸。电池拆装举升机如图 2-2-3 所示。电池拆装举升机主要由基座、升降架、托举平台、液压杆以及电机组成。

图 2-2-3　电池拆装举升机

项目二 新能源汽车检测仪器及维修工具

姓名		班级		日期	

2. 电池拆装举升机的操作步骤

(1) 将电池拆装举升机缓慢推到车底。

(2) 升起举升机并使其正处于动力电池的中央，拆卸电池组螺栓。

(3) 将动力电池组缓慢下降，移其到工位进行维修。

(4) 安装定位销，将举升机推至车底中央，缓慢上升动力电池组进行电池组安装。

(5) 降下举升车，将电池拆装举升机复原归位。

3. 电池拆装举升机的注意事项

(1) 新能源汽车电池维修人员在对电池组进行拆装时，必须佩戴好个人防护用品，如绝缘手套、绝缘鞋等。

(2) 维修人员在作业中，对裸露在外的线头要用绝缘胶带包好，防止人员触电。

三、新能源电动汽车电池组的拆装

1. 高压电池组模组拆卸所需设备及工具

高压电池组模组拆卸所需设备工具如表 2-2-1 所示。

表 2-2-1 高压电池组模组拆卸所需设备及工具

图 示	名 称	规 格	主要作用
	高压绝缘工具套件	耐压 1 kV 以上	拆卸螺钉
	套筒扳手套件	常用汽车维修工具	拆卸车辆零部件
	龙门举升机	汽车专用举升机	托举汽车

项目二　新能源汽车检测仪器及维修工具

姓名		班级		日期	

	电池拆装举升机	抬升高度不低于 1.5 m，承重 1 kg 以上	托举电池组

2. 高压电池组拆装注意事项

(1) 高压电池组卸下前应断开电池包维修开关，并且要对开关插座进行覆盖绝缘保护。

(2) 拆卸过程中，不得大力拉拔线路、过度扭曲线路，以防止信号线损坏。

(3) 拆卸后的零部件要摆放有序，以防止遗漏或装错。

(4) 禁止暴力拆卸与安装。

3. 高压电池组拆卸与安装步骤

(1) 穿戴好人员防护装备。

(2) 将车辆缓慢行驶至龙门举升机工位，取下低压蓄电池负极。

(3) 调整举升机，将举升机四个支撑点位固定。

(4) 升起举升机，拉上保险。

(5) 拆卸电池组低压线、高压线等线束。

(6) 用万用表测量插头电压为 0 V，证明断电完毕。

(7) 将电池拆装举升机推至电池组中央，缓慢上升举升机。

(8) 对角拆卸固定螺栓直至将电池组卸下，然后缓慢将电池组下降。

(9) 将电池组移至维修工位进行维修。

(10) 维修完成后，安装定位销，将电池组推至车底中央，缓慢上升举升机。

(11) 安装电池组，完成后下降电池拆装举升机，将其移到原位。

(12) 接触保险，下降龙门举升机，安装低压蓄电池负极。

(13) 车辆修理完毕。

 任务计划

一、阐述对龙门举升机及电池拆装举升机的认识

(1) 龙门举升机的操作步骤及注意事项。

(2) 电池拆装举升机的操作步骤及注意事项。

项目二 新能源汽车检测仪器及维修工具

姓名		班级		日期	

二、制订高压电池组拆卸与安装方案

在教师的指导下,查阅相关资料,小组讨论并制订高压电池组拆卸与安装的基本流程。

步骤	作 业 内 容

三、能正确操作龙门举升机和电池拆装举升机

(1) 正确操作龙门举升机。

(2) 正确操作电池拆装举升机。

 任务决策

各小组选派代表阐述任务计划,小组间相互讨论、提出不同的看法,教师总结点评,完善方案。

 任务实施

在教师的指导下完成分组,小组成员合理分工,完成制订高压电池组拆卸与安装方案。

"高压电池组拆卸与安装"任务实施表

班级		姓名	
小组成员		组长	
操作员		监护员	
记录员		评分员	

项目二　新能源汽车检测仪器及维修工具

姓名		班级		日期	

任务实施流程

序号	作业内容	作业具体内容	结果记录
1	作业准备	检查场地周围环境	□是　□否
		检查着装及配饰	□是　□否
2	龙门举升机使用	龙门举升机四个点位正确固定	□是　□否
		举升至指定位置后，正确上锁	□是　□否
		整个流程操作正确	□是　□否
3	电池拆装举升机使用	正确放置电池组中央	□是　□否
		正确拆卸电池组	□是　□否
		正确安装电池组	□是　□否
		整个流程操作正确	□是　□否
4	作业场地恢复	清洁、整理场地	□是　□否

质量检查

一、小组自检

各小组根据任务实施的记录结果，对本小组的作业内容进行再次确认。

序号	检 查 项 目	检查结果
1	作业前规范做好场地准备	□是　□否
2	正确操作龙门举升机	□是　□否
3	正确操作电池拆装举升机	□是　□否
4	正确操作电池组的拆卸与安装	□是　□否
5	清洁、整理场地	□是　□否

二、教师检查

教师根据各小组作业完成情况进行质量检查，选择优秀小组成员进行作业情况汇报，针对作业过程中出现的问题提出改进措施与建议。

作业问题及改进措施：

项目二　新能源汽车检测仪器及维修工具

姓名		班级		日期	

课后提升

以小组为单位查阅资料，了解高压电池组的拆卸与安装，包括拆卸高压电池组的各种注意事项。

评价反馈

小组内合理分工，交换操作员、监护员、记录员、评分员角色，完成作业任务后，结合个人、小组在课堂中的实际表现进行总结与反思。

1. 请小组成员对完成本次工作任务的情况进行评分。

"高压电池组拆卸与安装"作业评分表

序号	作业内容	评 分 要 点	配分	得分	判罚依据
1	作业准备 （4分）	□未着工装，扣2分	2		
		□佩戴金属配饰，扣2分	2		
2	龙门举升机操作 （6分）	□未挂P挡或拉手刹，扣2分	2		
		□未正确固定举升机四个点位，扣2分	2		
		□未正确将举升机落锁，扣2分	2		
3	电池拆卸举升机 操作 （14分）	□未断开低压蓄电池负极，扣2分	2		
		□未穿戴绝缘装备，扣4分	4		
		□未正确拆卸电池组线束，扣2分	2		
		□未用外用表测量插电接头电压，扣4分	4		
		□流程不规范，安装不到位，扣2分	2		
4	作业场地恢复 （6分）	□未整理电池拆卸举升机，扣1分	1		
		□未整理龙门举升机，扣3分	3		
		□未清洁、整理场地，扣2分	2		
5	安全事故	□损伤、损毁设备或造成人身伤害，视情节扣5～10分，特别严重的安全事故不得分			
合　计			30		

项目二　新能源汽车检测仪器及维修工具

姓名		班级		日期	

2. 小组作业中是否存在问题？如果有问题，如何成功解决问题？

_____

_____

_____

3. 请对个人在本次工作任务中的表现进行总结和反思。

_____

_____

_____

课堂笔记

_____

_____

_____

_____

_____

_____

_____

_____

_____

_____

_____

_____

_____

_____

_____

_____

项目二　新能源汽车检测仪器及维修工具

姓名		班级		日期	

任务三　低电阻测试仪(毫欧表)的使用

📋 任务目标

知识与技能目标

✓　能够准确认识低毫欧表的功用。

✓　能够掌握毫欧表的结构。

✓　能够深刻理解毫欧表的测量原理。

✓　能够准确使用毫欧表测量各种接触电阻。

过程与目标方法

✓　具备从多途径的信息源中检索专业知识的能力。

✓　获得分析问题和解决问题的一些基本方法。

✓　尝试多元化思考解决问题的方法，形成创新意识。

✓　能充分运用所学的知识解决实训问题，具备较强的应用意识和实践能力。

✓　可积极主动与小组成员交流、讨论学习成果，取长补短，完成自我提升。

情感、态度和价值观目标

✓　通过让学生阐述毫欧表的用法，提升学生的语言组织及表达能力。

✓　能严格遵守岗位操作规程，确保工具、设备和自身的安全。

✓　具备良好的职业道德，尊重他人劳动，不窃取他人成果。

✓　养成定期反思与总结的习惯，改进不足，精益求精。

✓　具有良好的团队协作精神和较强的组织沟通能力。

✓　通过熟练使用毫欧表，学习专业化汽车维修技术。

项目二　新能源汽车检测仪器及维修工具

姓名		班级		日期	

任务导入

　　店里来了一辆新能源汽车，据车主描述是汽车驱动电机故障，现要对驱动电机进行检修，对电机线圈进行绕组测量。假如你是王师傅，该如何对驱动电机绕组进行测量呢？

低电阻测试仪(毫欧表)的使用

任务书

　　_____是一名新能源汽车维修学员。新能源汽车维修工班_____组接到了学习测量电机绕组低阻值的任务，班长根据作业任务对班组人员进行了合理分工，同时强调了安全作业的重要性。_____接到任务后，按照操作注意事项和操作要点进行毫欧表的学习。

任务分组

班级		组号		指导老师	
组长		学号			
组员	姓名：　　学号：			姓名：　　学号：	
	姓名：　　学号：			姓名：　　学号：	
	姓名：　　学号：			姓名：　　学号：	
	姓名：　　学号：			姓名：　　学号：	
任 务 分 工					

获取信息

一、毫欧表的基本原理

　　低电阻测试仪也称毫欧表或微欧计，是一种测量小电阻的专用表，如图 2-3-1 所示。其工作原理是基于欧姆定律，欧姆定律指出，当电流经过导体时，电流大小与导体两端的电压成正比，与导体的电阻成反比。因此，当得知导体的电流和电压，就可以计算出阻值。

　　毫欧表的工作原理是基于电桥原理(也称开尔文原理)四线法测量。电桥是一种电路，

项目二 新能源汽车检测仪器及维修工具

姓名		班级		日期	

由四个电阻组成，其中两个电阻相等，另外两个电阻可以调节。当电桥平衡时，电桥两端的电压为零。此时，将待测电阻接入电桥中，调节电桥的电阻，使电桥再次平衡，就可计算出待测电阻的大小。毫欧表中的电桥是由一个恒流源和一个电压检测器组成。由恒流源产生一个恒定的电流，电压检测器检测电桥两端的电压。当电桥平衡时，电压检测器会输出零电压。此时将待测电阻接入电桥中，调节电桥电阻，就可得出待测电阻大小。

图 2-3-1　毫欧表

　　毫欧表的精度非常高，可以测量非常小的电阻值。这是因为恒流源可以产生非常小的电流，并且电压检测器可以测量非常小的电压。此外，毫欧表还可以测量非常小的电阻变化，因为电桥平衡时，即使待测电阻发生微小的变化，电桥也会失去平衡，从而产生非常小的电压信号。

二、毫欧表与普通万用表的区别

1. 测量阻值的原理不同

　　(1) 普通万用表测量电阻一般采用比例法，待测电阻与标准电阻串联，测量标准电阻和被测电阻的电压，两者电流相同，根据标准电阻的阻值换算出被测电阻的阻值。

　　(2) 毫欧表测量电阻值基于电桥原理。

2. 测量精度不同

　　(1) 万用表的测量电流会变化，万用表测试线电阻会影响待测电阻真实值，从而造成测量误差。

　　(2) 毫欧表采用恒定电流测电阻，并且消除了测试线本身电阻的影响，测量结果精度高。

三、毫欧表的使用

　　以同惠 TH2516B 直流电阻测试仪为例介绍毫欧表的使用，如图 2-3-2 所示。同惠 TH2516B 直流电阻测试仪测量精度为 0.05%，测量范围在 1 μΩ～20 kΩ，支持 SCPI、MODBUS 协议，配备 USB、DEVICE、RS232、HANDLER 接口。

项目二　新能源汽车检测仪器及维修工具

姓名		班级		日期	

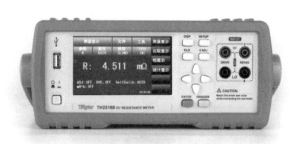

图 2-3-2　同惠 TH2516B 直流电阻测试仪

1. 前后面板说明

图 2-3-3、图 2-3-4 对 TH2516 前、后面板进行简要说明。

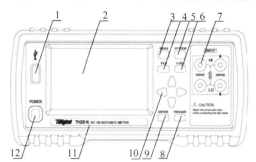

1—USB接口；
2—显示屏；
3—测量显示界面菜单键；
4—文件菜单键；
5—系统设置菜单键；
6—校准功能键；
7—测试端；
8—触发键；
9—确认件；
10—方向键；
11—商标型号；
12—电源开关。

图 2-3-3　TH2516 前面板

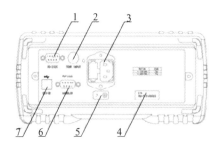

1—RS232C串行接口；
2—TEMP.INPUT测量温度口输入；
3—保险丝和电源插座；
4—铭牌；
5—接地端；
6—HANDLER口；
7—USB接口。

图 2-3-4　TH2516 后面板

2. 显示区域说明

图 2-3-5 对显示区域进行定义。

项目二　新能源汽车检测仪器及维修工具

姓名		班级		日期	

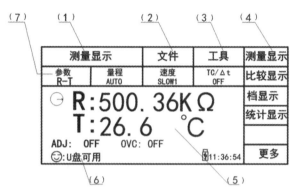

图 2-3-5　显示区域

(1) 主菜单区：该区域显示当前操作的页面名称。

(2) 文件按钮：可进行文件管理的操作，如文件管理、全屏复制。

(3) 工具按钮：仪器的一些快捷功能设置。

(4) 软件区域：显示光标区域对应的功能菜单。

(5) 测量结果显示按钮：用于显示测量结果，如电阻。

(6) 消息提示信息区域：用于显示系统测试过程中各种提示信息。

(7) 功能区域：用于修改测试模式及测试参数。

3. 基本操作

插上电源线，按下电源开关，仪器开始运行，显示开机画面。TH2516 具有触摸屏幕操作功能，只需用手指按动屏幕相应功能按钮，就能进行相应工作。使用触摸屏幕或物理按键 MEAS，"测量显示"将显示在屏幕上，如图 2-3-6 所示。其中，"R"代表"电阻"。点击"参数"按键，可选择以下功能，如表 2-3-1 所示。量程可设置成自动模式，仪器可根据测试结果自动调整量程。"ADJ"菜单键执行短路清零操作，测试夹具正确短接方法如图 2-3-7 所示。

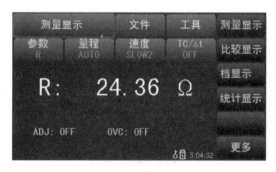

图 2-3-6　测量显示界面

项目二　新能源汽车检测仪器及维修工具

姓名		班级		日期	

表 2-3-1　测量参数

R	电阻
R-T	电阻和温度
T	温度
LPR	低电流模式电阻测试
LPR-T	低电流模式电阻测试和温度

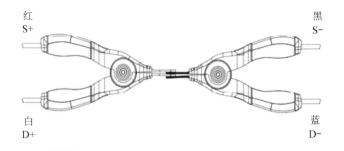

红　　　　　　　　　　　　　　　　　黑
S+　　　　　　　　　　　　　　　　　S−

白　　　　　　　　　　　　　　　　　蓝
D+　　　　　　　　　　　　　　　　　D−

图 2-3-7　测量夹具短接

4. 测量电阻的步骤

(1) 连接电源，打开开机按键，预热 30 分钟以上。

(2) 测试线正确短接，置"ADJ"为"ON"，进行短路校准。

(3) 按下"MEAS"菜单键，参数选择"R"。

(4) 将夹具连接至待测部件，读数。

(5) 测量完毕，将测量仪整理收好。

 任务计划

一、阐述对低电阻测试仪的认识

(1) 毫欧表的测量原理。

(2) 毫欧表的测量步骤。

二、制订新能源汽车电机绕组的阻值测量方案

在教师的指导下，查阅相关资料，小组讨论并制订新能源汽车电机绕组的阻值测量的基本流程。

项目二　新能源汽车检测仪器及维修工具

姓名		班级		日期	

步骤	作 业 内 容

三、能正确操作低电阻测试仪

(1) 正确阐述毫欧表的原理。

(2) 正确使用毫欧表。

 任务决策

　　各小组选派代表阐述任务计划，小组间相互讨论，提出不同的看法，教师总结点评，完善方案。

任务实施

　　在教师的指导下完成分组，小组成员合理分工，完成制订新能源汽车电机绕组的阻值测量方案。

"新能源汽车电机绕组的阻值测量"任务实施表

班级		姓名	
小组成员		组长	
操作员		监护员	
记录员		评分员	

项目二　新能源汽车检测仪器及维修工具

姓名		班级		日期	

任务实施流程

序号	作业内容	作业具体内容	结果记录
1	作业准备	检查场地周围环境	□是　□否
		检查着装及配饰	□是　□否
2	毫欧表使用	是否预热	□是　□否
		预热达30分钟以上	□是　□否
		正确短接	□是　□否
3	作业场地恢复	清洁、整理场地	□是　□否

 质量检查

一、小组自检

各小组根据任务实施的记录结果，对本小组的作业内容进行再次确认。

序号	检 查 项 目	检查结果
1	作业前规范做好场地准备	□是　□否
2	正确开机预热30分钟以上	□是　□否
3	正确短接	□是　□否
4	正确测量读数	□是　□否
5	清洁、整理场地	□是　□否

二、教师检查

教师根据各小组作业完成情况进行质量检查，选择优秀小组成员进行作业情况汇报，针对作业过程中出现的问题提出改进措施与建议。

作业问题及改进措施：

_____

_____

_____

_____

_____

项目二 新能源汽车检测仪器及维修工具

姓名		班级		日期	

课后提升

以小组为单位查阅资料，了解低电阻测量仪的使用，包括温度的测量。

评价反馈

小组内合理分工，交换操作员、监护员、记录员、评分员角色，完成作业任务后，结合个人、小组在课堂中的实际表现进行总结与反思。

1. 请小组成员对完成本次工作任务的情况评分。

"新能源汽车电机绕组的阻值测量"作业评分表

序号	作业内容	评 分 要 点	配分	得分	判罚依据
1	作业准备 (4分)	□未着工装，扣2分	2		
		□佩戴金属配饰，扣2分	2		
2	低电阻测量仪 操作 (20分)	□未开机预热，扣4分	4		
		□未预热30分钟以上，扣4分	4		
		□未正确夹具短接，扣4分	4		
		□未正确读数，扣4分	4		
		□流程不规范，扣4分	4		
3	作业场地恢复 (6分)	□未整理测量仪器，扣1分	1		
		□未记录数据，扣3分	3		
		□未清洁、整理场地，扣2分	2		
4	安全事故	□损伤、损毁设备或造成人身伤害视情节扣5～10分，特别严重的安全事故不得分			
	合　计		30		

2. 小组作业中是否存在问题？如果有问题，如何成功解决问题？

_____

_____

3. 请对个人在本次工作任务中的表现进行总结和反思。

_____

_____

项目二　新能源汽车检测仪器及维修工具

姓名		班级		日期	

课堂笔记

姓名		班级		日期	

任务四　示波器的使用

 ## 任务目标

知识与技能目标

- ✓ 能够准确认识示波器的功用。
- ✓ 能够掌握波形的基本参数。
- ✓ 能够熟练使用示波器进行基础操作。
- ✓ 能够使用示波器进行信号测量。

过程与目标方法

- ✓ 具备从多途径的信息源中检索专业知识的能力。
- ✓ 获得分析问题和解决问题的一些基本方法。
- ✓ 尝试多元化思考解决问题的方法，形成创新意识。
- ✓ 能充分运用所学的知识解决实训问题，具备较强的应用意识和实践能力。
- ✓ 可积极主动与小组成员交流、讨论学习成果，取长补短，完成自我提升。

情感、态度和价值观目标

- ✓ 通过让学生阐述示波器的功能，提升学生的语言组织及表达能力。
- ✓ 能严格遵守岗位操作规程，确保工具、设备和自身的安全。
- ✓ 具备良好的职业道德，尊重他人劳动，不窃取他人成果。
- ✓ 养成定期反思与总结的习惯，改进不足，精益求精。
- ✓ 具有良好的团队协作精神和较强的组织沟通能力。
- ✓ 通过熟练使用示波器，学习专业化汽车维修技术。

项目二　新能源汽车检测仪器及维修工具

姓名		班级		日期	

任务导入

示波器的使用

　　店里来了一辆新能源汽车，据车主描述是汽车驱动电机故障，现要对驱动电机进行检修，首先要使用示波器对驱动电机控制信号进行检测，需要使用示波器。假如你是王师傅，该如何使用示波器对驱动电机控制信号进行测量检测呢？

任务书

　　_____是一名新能源汽车维修学员。新能源汽车维修工班_____组接到了学习测量电机控制信号的任务，班长根据作业任务对班组人员进行了合理分工，同时强调了安全作业的重要性。_____接到任务后，按照操作注意事项和操作要点进行信号测量的学习。

任务分组

班级		组号		指导老师	
组长		学号			
组员	姓名：　　　　学号：		姓名：　　　　学号：		
	姓名：　　　　学号：		姓名：　　　　学号：		
	姓名：　　　　学号：		姓名：　　　　学号：		
	姓名：　　　　学号：		姓名：　　　　学号：		
任 务 分 工					

获取信息

一、示波器简介

　　随着能源危机与环境危机的日益加剧，国家制定了"碳达峰"和"碳中和"政策。世界各国对传统汽车行业也制定了越来越严格的排放法规。而新能源汽车因零碳零污染而得到了迅速发展，已经逐步占领汽车市场。在新能源汽车组成当中，驱动电机控制系统已成为重要组成部分。而示波器在新能源汽车电机控制与故障排查中是一种非常重要的工具，

项目二　新能源汽车检测仪器及维修工具

姓名		班级		日期	

是检测电机控制系统必不可少的仪器之一。

示波器是一种被广泛使用的电子测量仪器，它能把电信号转化为图像，便于人们对电信号进行更深层次的研究。示波器能观察各种不同信号幅度随时间变化的波形曲线，可以测量不同的信号量，如电压、电流、频率、相位等。示波器由电子管放大器、扫描振荡器、阴极射线管等组成，如图 2-4-1 所示。

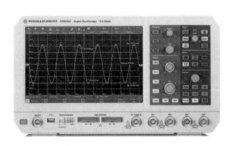

图 2-4-1　示波器

在新能源汽车电机控制与故障排查中，可以使用示波器对电机控制信号、电机转速、电机电流、电机功率等参数进行测量分析，从而了解电机的工作状态和负载情况，为优化电机控制系统提供数据支持。同时，示波器还可以检测电机 EMC、相序以及驱动电路等，帮助工程师排查故障，保证电机控制系统正常工作。

二、示波器在电机控制系统中的应用

(1) 可以利用示波器对电机控制信号进行分析，如 PWM、模拟信号等，以判断控制信号是否正确和稳定。同时，示波器还可以帮助诊断控制信号中存在的噪声、干扰等问题。

(2) 电机转速是电机控制系统中重要的参数，可通过连接示波器和编码器等设备测量电机转速，帮助工程师了解电机转速的变化规律，为优化控制系统提供参考。

(3) 可通过电流探头对电机的电流进行测量，以确定电机的工作状态和负载情况，判断电机是否正常工作，在必要时进行调整和优化。

(4) 示波器可以对电机的电压和电流进行测量，并得出电机的功率，为优化电机控制系统提供数据支持。

三、示波器的基本参数

1. 波的类型

在电学基础中，一个完整的工作电路会有工作电压和工作电流，当工作电压或工作电流以某种形式输入或输出时，就会改变电路的工作状态。工作电压与工作电流随时间变化的轨迹就称为波形，如图 2-4-2 所示。直流电流简称 DC，交流电流简称 AC。常见电流的

项目二　新能源汽车检测仪器及维修工具

姓名		班级		日期	

波型有：正弦波、方波、矩形波、三角波、锯齿波、阶跃波、脉冲波、噪声波等，如图 2-4-3 所示。对于数字电路而言，输出的是方波信号，依据傅里叶分析，任何信号都可以分解成一系列频率不同的正弦波。方波中包含了丰富的频谱成分，可看成是由基波以及 3，5，7，9…次谐波叠加而成的，如图 2-4-4 所示。

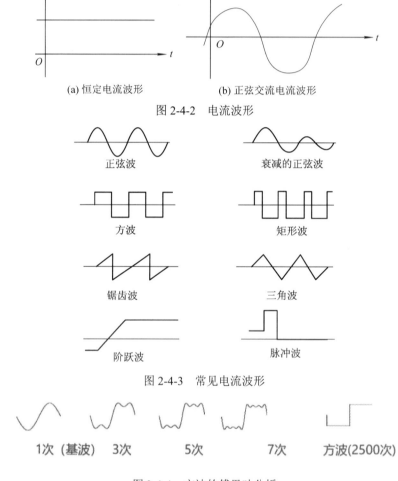

(a) 恒定电流波形　　　　(b) 正弦交流电流波形

图 2-4-2　电流波形

正弦波　　　　　衰减的正弦波

方波　　　　　矩形波

锯齿波　　　　　三角波

阶跃波　　　　　脉冲波

图 2-4-3　常见电流波形

1次（基波）　3次　　5次　　7次　　方波(2500次)

图 2-4-4　方波的傅里叶分析

2. 波形的参数

我们现在知道电路中的波实质就是电路中电压与电流随时间的变化，而示波器是将电信号转化为图像的测量仪器。因此，用示波器获取波形的周期、频率、脉宽、占空比等参数，就可以对波形信号进行分析。

周期：相同波形重复出现的最短时间就是周期，用 T 表示，单位为 s。

项目二 新能源汽车检测仪器及维修工具

姓名		班级		日期	

频率：周期的倒数，即 1 s 内出现多少个周期，用 f 表示，单位为 Hz。

脉宽：脉冲达到最大值所能持续的时间，即高电平持续时间，用 W 表示。

占空比：在一个脉冲循环内，通电时间相对于总时间所占的比例，用 P 表示。例如：脉宽为 1 μs，信号周期为 4 μs，则占空比为 25 %。

幅值：交流电压峰值与零电平线差值的绝对值，用 U 表示。

四、示波器的界面认识

以普源 DS1000Z-E 示波器为例，介绍示波器的功能界面以及常规操作。普源 DS1000Z-E 示波器的参数为：模拟双通道，200 MHz 带宽，最高实时采样率达 1 GSa/s，最大存储深度为 24 Mpts。其外形如图 2-4-5 所示，前面板功能如图 2-4-6 所示。

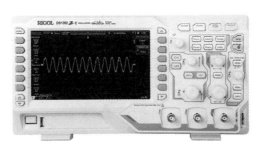

图 2-4-5 普源 DS1000Z-E 示波器

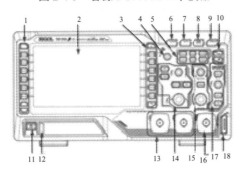

1—测量菜单操作键；2—LCD；3—功能菜单操作键；4—多功能旋钮；5—常用操作键；6—全部清除键；
7—波形自动显示；8—运行/停止控制键；9—单次触发控制键；10—内置帮助/打印键；11—电源键；
12—USB Host 接口；13—模拟通道输入；14—垂直控制区；15—水平控制区；16—外部触发输入；
17—触发控制区；18—探头补偿信号输出端/接地端。

图 2-4-6 示波器前面板

垂直/水平控制区："CH1""CH2"模拟通道设置键，双通道标签用不同颜色标识，与通道输入连接器颜色对应。按下按键打开相应通道，再次按下关闭通道。"垂直POSITION"用来修改当前通道波形的垂直位移，修改过程中波形会上下移动，按下按钮，

项目二　新能源汽车检测仪器及维修工具

姓名		班级		日期	

该旋钮可快速将垂直位移归零。"水平 POSITION"用来修改水平位移，修改时波形左右移动，按下按钮可快速复位，如图 2-4-7、图 2-4-8 所示。

触发控制：按下"MODE"按键有"Auto""Normal"或"Single"三种触发模式。"LEVEL"为修改触发电平，修改过程中，触发线上下移动，按下按钮可快速将触发电平恢复至零点，如图 2-4-9 所示。

按下"CLEAR"清除屏幕上所有波形。按下"AUTO"启动波形自动设置功能，示波器将根据输入信号自动调整垂直挡位、水平时基以及触发方式，使波形显示达到最佳状态。按下"Cursor"进入光标测量菜单，示波器提供手动、追踪、自动和 XY 四种模式。

图 2-4-7　垂直控制　　　图 2-4-8　水平控制　　　图 2-4-9　触发控制

五、示波器信号测量

(1) 适当调节支撑脚，使示波器向上倾斜，便于更好地操作和观察显示屏，如图 2-4-10 所示。

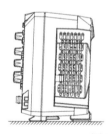　　

图 2-4-10　支撑脚调节

(2) 使用附带的电源线连接电源，如图 2-4-11 所示。

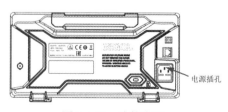

图 2-4-11　连接电源

项目二　新能源汽车检测仪器及维修工具

姓名		班级		日期	

(3) 接通电源后按下"POWER"按键，即可启动示波器。开机过程中仪器会执行一系列自检，自检结束后会出现开机画面。

(4) 连接探头。将探头的 BNC 端连接至示波器前面板的模拟通道输入端。将探头接地鳄鱼夹或接地弹簧连接至电路接地端，然后将探针连接至待测电路测试点中。示波器探头如图 2-4-12 所示。

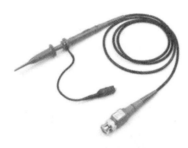

图 2-4-12　示波器探头

(5) 在连接完探头后，要在测量前进行探头功能检查和探头补偿调节。按下"Storage"按键，将示波器恢复为默认配置，将探头鳄鱼夹连接至"接地端"，将探针连接至"补偿信号输出端"，如图 2-4-13 所示。

补偿信号输出端
接地端

图 2-4-13　补偿信号

(6) 将探头衰减比调整为 10×，然后按下"AUTO"按键，示波器屏幕会显示如图 2-4-14 所示的方波。

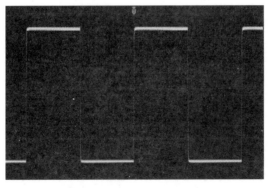

图 2-4-14　方波信号

项目二　新能源汽车检测仪器及维修工具

姓名		班级		日期	

（7）若示波器屏幕显示不是图 2-4-14 所示方波，则需进行探头补偿，如图 2-4-15 所示。

补偿过度　　　　　　　　补偿正确　　　　　　　　补偿不足

图 2-4-15　探头补偿

（8）用改锥调整探头上的补偿调节孔，直至示波器屏幕显示完整的方波，如图 2-4-16 所示。

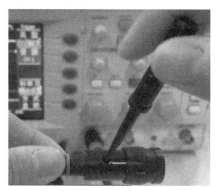

图 2-4-16　探头补偿调节

（9）探头功能检查和探头补偿调节完成后，将探针连接至待测电路测试点中测量，按下"AUTO"按键，待屏幕出现完整波形。按下"Cursor"按键，可进行波形测量，读数。

（10）测量完毕，示波器回收放回原位。

任务计划

一、阐述对示波器的认识

（1）示波器的功用。

（2）波形的基本参数。

（3）使用示波器进行信号测量。

二、制订新能源汽车驱动电机控制信号检测方案

在教师的指导下，查阅相关资料，小组讨论并制订新能源汽车驱动电机控制信号检测的基本流程。

项目二　新能源汽车检测仪器及维修工具

姓名		班级		日期	

步骤	作 业 内 容

三、能正确操作示波器

(1) 正确校准探头。

(2) 正确使用示波器。

 任务决策

各小组选派代表阐述任务计划，小组间相互讨论，提出不同的看法，教师总结点评，完善方案。

 任务实施

在教师的指导下完成分组，小组成员合理分工，完成制订新能源汽车驱动电机控制信号检测方案。

"新能源汽车驱动电机控制信号检测"任务实施表

班级		姓名	
小组成员		组长	
操作员		监护员	
记录员		评分员	

项目二　新能源汽车检测仪器及维修工具

姓名		班级		日期	

任务实施流程

序号	作业内容	作业具体内容	结果记录
1	作业准备	检查场地周围环境	□是　□否
		检查着装及配饰	□是　□否
2	示波器使用	正确校准探头	□是　□否
		正确显示波形	□是　□否
		正确测量读数	□是　□否
3	作业场地恢复	清洁、整理场地	□是　□否

 **质量检查**

一、小组自检

各小组根据任务实施的记录结果，对本小组的作业内容进行再次确认。

序号	检　查　项　目	检查结果
1	作业前规范做好场地准备	□是　□否
2	正确对探头进行功能检测和探头补偿调节	□是　□否
3	正确显示待测波形	□是　□否
4	正确测量读数	□是　□否
5	清洁、整理场地	□是　□否

二、教师检查

教师根据各小组作业完成情况进行质量检查，选择优秀小组成员进行作业情况汇报，针对作业过程中出现的问题提出改进措施与建议。

作业问题及改进措施：

_____

_____

_____

_____

_____

项目二　新能源汽车检测仪器及维修工具

姓名		班级		日期	

课后提升

以小组为单位查阅资料，了解示波器的使用，包括电流、功率、电机转速等参数的测量。

评价反馈

小组内合理分工，交换操作员、监护员、记录员、评分员角色，完成作业任务后，结合个人、小组在课堂中的实际表现进行总结与反思。

1. 请小组成员对完成本次工作任务的情况进行评分。

"新能源汽车驱动电机控制信号检测"作业评分表

序号	作业内容	评　分　要　点	配分	得分	判罚依据
1	作业准备 (4分)	□未着工装，扣2分	2		
		□佩戴金属配饰，扣2分	2		
2	示波器的操作 (20分)	□未进行探头校准，扣4分	4		
		□探头校准，示波器未显示正确方波，扣4分	4		
		□未正确测量待测波形，扣4分	4		
		□未正确读数，扣4分	4		
		□流程不规范，扣4分	4		
3	作业场地恢复 (6分)	□未整理测量仪器，扣1分	1		
		□未记录数据，扣3分	3		
		□未清洁、整理场地，扣2分	2		
4	安全事故	□损伤、损毁设备或造成人身伤害，视情节扣5～10分，特别严重的安全事故不得分			
合　计			30		

2. 小组作业中是否存在问题？如果有问题，如何成功解决问题？

_____

_____

_____

项目二　新能源汽车检测仪器及维修工具

姓名		班级		日期	

3. 请对个人在本次工作任务中的表现进行总结和反思。

_____

_____

_____

课堂笔记

_____

_____

_____

_____

_____

_____

_____

_____

_____

_____

_____

_____

_____

_____

_____

_____

_____

_____

项目三　高压电基础

姓名		班级		日期	

任务一　高压电故障的危害与人体安全电压

📋 任务目标

知识与技能目标

✓ 能够准确获取派工单的关键信息，并正确填写派工单。

✓ 能够制订工作方案，并规范使用设备和工具。

✓ 能够阐述安全电压与安全电流的含义。

✓ 能够总结高压电流对人体造成的危害。

✓ 能够描述不同大小的电流给人体造成伤害的程度。

✓ 能够通过体验人体模拟触电体验仪，描述高压电流对人体造成的危害程度。

✓ 能够以小组合作的形式，就事故判断其所属的触电种类及方式。

过程与目标方法

✓ 具备从多途径的信息源中检索专业知识的能力。

✓ 获得分析问题和解决问题的一些基本方法。

✓ 尝试多元化思考解决问题的方法，形成创新意识。

✓ 能充分运用所学的知识解决实训问题，具备较强的应用意识和实践能力。

✓ 可积极主动与小组成员交流、讨论学习成果，取长补短，完成自我提升。

情感、态度和价值观目标

✓ 通过体验人体模拟触电体验仪描述电流对人体造成的危害，提升语言组织及表达能力。

✓ 能严格遵守岗位操作规程，确保工具、设备和自身的安全。

✓ 具备良好的职业道德，尊重他人劳动，不窃取他人成果。

✓ 养成定期反思与总结的习惯，改进不足，精益求精。

✓ 具有良好的团队协作精神和较强的组织沟通能力。

✓ 通过认识触电事故的危害，树立安全第一的意识。

项目三　高压电基础

姓名		班级		日期	

 任务导入

　　王师傅在对新能源汽车进行维修时，不慎被高压电击中，造成手部烧伤。经调查，王师傅在进行新能源汽车的维修时，未进行下电操作，同时也未佩戴绝缘手套。新能源汽车装载有高压动力电池，车上大量零部件为高压部件，因此维修技师在对新能源汽车进行维修时要特别注意高压电的危害。

　　了解高压电对人体的危害，认识新能源汽车的高压零部件及防护措施，提高自我保护意识，培养安全作业的习惯，能够大大减少在工作中发生安全事故的概率，保障人身安全。

 任务书

　　＿＿＿＿＿＿是一名新能源汽车维修学员。新能源汽车维修工班＿＿＿＿＿＿组接到了学习高压电故障危害的任务，班长根据作业任务对班组人员进行了合理分工，同时强调了认识高压危害的重要性。＿＿＿＿＿＿接到任务后，按照操作注意事项和操作要点进行体验高压危害的学习。

任务分组

班级		组号		指导老师	
组长		学号			
组员	姓名：　　　学号：			姓名：　　　学号：	
	姓名：　　　学号：			姓名：　　　学号：	
	姓名：　　　学号：			姓名：　　　学号：	
	姓名：　　　学号：			姓名：　　　学号：	
任 务 分 工					

 获取信息

一、高压电对人体的伤害

1. 人体触电原理

　　人体组织中 60% 以上是由含有导电物质的水分组成的，因此，人体是个导体。当人体

项目三　高压电基础

姓名		班级		日期	

接触设备的带电部分并形成电流通路的时候，就会有电流流过人体，形成回路，从而造成触电。

人体一旦遇到强电流通过或人体细胞中的导电元素全部参与导电时，身体中的大化学分子就会彻底地解体从而致使生命终结。这种状态会出现在超过安全电压的情况下，电压越高对人体细胞的伤害作用越大，当电压在数万伏特以上或者是在数亿伏特的雷电场中时，人体的细胞会完全被碳化。

通常当人体接触到高电压时，就有可能会发生触电事故。人体的触电并不是指人体接触到了很高的电压，而是因为过高的电压通过人体这个电阻后，会在人体中形成电流。因此是否有电流经过人体，是判断人体触电的依据。

2. 触电对人体的危害

电流流经人体时，可以对神经系统、肌肉、心脏和其他组织造成伤害，以下是一些常见的触电伤害：

(1) 电击：较轻的电击可能只引起短暂的疼痛和肌肉收缩，但较强的电击可导致肌肉痉挛、呼吸困难和心博骤停等严重后果。

(2) 烧伤：当电流通过身体组织时，可能会产生热量，导致烧伤。严重的烧伤可能需要皮肤移植或其他外科治疗。

(3) 心脏问题：电流通过心脏时可能干扰心脏的正常节律，引发心律失常，甚至导致心博骤停。

(4) 神经系统损伤：强电流通过神经系统时，可能造成神经损伤，导致感觉异常、肌肉无力或瘫痪等问题。

3. 影响触电伤害的因素

触电对人体的伤害取决于多个因素，包括电流、持续时间、电流频率、电压大小及流经人体的途径等。

(1) 通过人体的电流越大，感觉越强烈，引起心室颤动所需的时间越短，致命的危险性也就越大。

(2) 通电时间越长，电击的伤害程度越严重，在通过电流为 30 mA 的情况下，若通电时间在 1 s 以内，尚不致有生命危险；若通电时间加长，就会有生命危险。

当通电时间短于一个心脏周期时(人的心脏周期约为 75 ms)，一般不至于发生有生命危险的心室纤维性颤动；但若触电正好开始于心脏周期的易损伤期，则仍会发生心室颤动。

(3) 电流频率的影响。直流电流、高频电流、冲击电流对人体都有伤害作用，其伤害程度一般比工频电流轻。

直流电的最小感知电流，男性约为 5.2 mA，女性约为 3.5 mA；平均的摆脱电流，男性约为 76 mA，女性约为 51 mA；可能引起心室颤动的电流，通电时间 0.03 s 时约为 1300

mA，3 s 时约为 500 mA。

交流电流，其频率不同，对人体的伤害程度也不同。

25～300 Hz 的交流电流对人体伤害最严重；1000 Hz 以上，伤害程度明显减轻，但高压高频电也有电击致命的危险。

例如，10 000 Hz 高频交流电感知电流，男性约为 12 mA，女性约为 8 mA；平均摆脱电流，男性约为 75 mA，女性约为 50 mA；可能引起心室颤动的电流，通电时间 0.03 s 时约为 1100 mA，3 s 时约为 500 mA。

冲击电流能引起强烈的肌肉收缩，给人以冲击的感觉。冲击电流对人体的伤害程度与冲击放电能量有关。

几十至一百微秒的冲击电流使人有感觉的最小值为数十毫安；人体能够耐受很大的电流，100 A 的冲击电流也不一定引起心室颤动使人致命。

苏联科学家动力研究所曾用牛进行过接触电势的实验，他们将脉冲电压施加于牛的前蹄和后蹄来模拟跨步电压，当脉冲电压幅值为 0.6 至 30 kV 时，对牛的内部机体没有任何伤害，对人的脉冲危险值还没有过详细的分析和实验研究。

当人体电阻为 1000 Ω 时，可以认为冲击电流引起心室颤动的界限是 27 W/s。

讨论：

> ➤ 新能源汽车中哪些部件在工作中是带直流电？哪些部件在工作过程中是带交流电呢？

(4) 电压大小对触电的影响。当人体电阻一定时，电压越高，通过人体的电流就越大，危险性也越大。但实际上，通过人体电流的大小并不与作用于人体的电压成正比，这是因为随着电压的增高，人体表皮角质层有类似介质击穿的现象发生，使人体电阻急剧下降，电流迅速增大，致使电击伤害更为严重。

工频 220 V 电流通过心脏，可引起心室颤动并影响呼吸中枢，电压在 1000 V 以上的电流先引起呼吸中枢麻痹，呼吸停止，然后再造成心脏停止；更高的电压还可能引起心肌纤维透明性病变，甚至引起心肌显微断裂、凝固变性。

(5) 电流途径对触电的影响。电流通过人体的任何部位，都会造成不同程度的伤害，其中对心脏的伤害为最重。因此凡是导致电流能够通过心脏的途径都是最危险的途径。例如，一只手到另一只手、从手到下肢、从头到手、从头至下肢等。

电流通过中枢神经(如脑、脊柱等)，会引起中枢神经强烈失调而死亡。

电流通过头部，会使人立即昏迷；过大的电流还会对脑产生严重损害，使人不醒而死亡。

电流通过脊髓，可能导致瘫痪。

项目三 高压电基础

姓名		班级		日期	

电流从一只脚到另一只脚，或者仅下肢流过的途径是危险性最小的途径，但也可能因此而摔倒，致使全身通过电流，或从高处跌落，造成二次伤害。

温馨提示

➢ 呼吸停止和心室颤动时人体的供血和供氧中断，这会带来生命危险。在这种情况下必须立即采取急救措施。

二、人体安全电压

1. 安全电压概述

安全电压是指在各种不同的环境条件下，人体触及带电体后，人体各部分组织不发生任何损害的电压。

安全电压是制订安全措施的主要依据，也是防止触电事故发生的基本措施之一。安全电压 $U_安$，决定于人体允许的安全电流 $I_安$ 和人体阻抗 $Z_体$，其关系为

$$U_安 = I_安 \times Z_体$$

2. 人体电阻与人体允许电流

1) 人体的电阻值

人体电阻与触电危害有着直接的联系。根据欧姆定律 $I = U/R$ 可知，当电压一定时，人体电阻越小，通过人体的电流就越大，触电的危险性也越大。

触电时，电流一般是由皮肤→血液→皮肤的路径传播。人体电阻主要由内部组织电阻(称体内电阻)和皮肤电阻两部分组成，一般约 $10\,000 \sim 100\,000\ \Omega$，其中体内电阻基本稳定，约为 $500\ \Omega$。

影响人体电阻的因素很多。如皮肤厚薄、皮肤潮湿度、是否有损伤、是否带有导电性粉尘等都会影响人体电阻。皮肤清洁、干燥、完好，电阻值就较高；接触面积加大，通电时间加长，会增加发热出汗，降低人体电阻；接触电阻增高，会击穿角质层并增加机体电解，降低人体电阻；人体电阻值与电流频率也有关系，它会随频率的增大而有所降低。

在干燥环境中，人体电阻大约在 $2\ k\Omega \sim 20\ M\Omega$ 范围内；皮肤出汗时，约为 $1\ k\Omega$；皮肤有伤口时，约为 $800\ \Omega$。人体触电时，皮肤与带电体的接触面积越大，人体电阻越小。当人体接触带电体时，人体就被当作一电路元件接入回路。

一般认为，接触到真皮里，一只手臂或一条腿的电阻大约为 $500\ \Omega$。因此，由一只手臂到另一只手臂或由一条腿到另一条腿的通路相当于一只 $1000\ \Omega$ 的电阻。假定一个人用双手紧握带电体，双脚站在水坑里而形成导电回路，这时人体电阻基本上就是体内电阻，

项目三　高压电基础

姓名		班级		日期	

约为 500 Ω。一般情况下，人体电阻可按 1000～2000 Ω 考虑。

练习

> ➤ 请使用万用表测量自己左右手之间的电阻值。

2) 人体允许的电流

经过人体电流的大小不同，人体的感受也不同，如表 3-1-1 所示，人体对 0.5 mA 以下的工频电流一般是没有感觉的。

实验表明，对不同的人引起感觉的最小电流是不一样的。成年男性平均约为 1.01 mA，成年女性约为 0.7 mA，这一数值称为感知电流，这时人体由于神经受到刺激而感觉轻微刺痛。同样，不同的人触电后能自主摆脱电源的最大电流也不一样，成年男性平均为 16 mA，成年女性平均为 10.5 mA，这个数值称为摆脱电流。一般情况下，8～10 mA 以下的工频电流，50 mA 以下的直流电流可以当作人体允许的安全电流，但这些电流长时间通过人体也是有危险的(人体通电时间越长，电阻会越小)。在装有防止触电保护装置的场合，人体允许的工频电流约为 30 mA；在空中等可能造成严重二次事故的场合，人体允许的工频电流应按不引起强烈痉挛的 5 mA 考虑。

表 3-1-1　不同电流值经过人体时的反应

流经人体的电流值/mA	人体的反应
0.6～1.5	手指开始感觉发麻，无感觉
2～3	手指感受到强烈发麻，无感觉
5～7	手指肌肉感觉痉挛，手指感到灼热和刺痛
8～10	手指关节与手掌感觉痛，手已难以脱离电源，但尚能摆脱电源，灼热感增加
20～25	手指感觉剧痛，迅速麻痹，不能摆脱电源，呼吸困难，灼热更增，手的肌肉开始痉挛
50～80	呼吸麻痹，心房开始震颤，有强烈灼痛感，手的肌肉痉挛，呼吸困难
90～100	呼吸麻痹，持续 3 s 后或更长时间后，心脏停搏或心房停止跳动

3. 人体的安全电压

由前面知识可知，不同人的人体电阻是不同的，所以通常流经人体电流的大小是无法事先计算出来的。因此，为确定安全，往往不采用安全电流来估算，而是采用安全电压来进行估算。

项目三 高压电基础

姓名		班级		日期	

我国的安全电压以前多采用 36 V 或 12 V，2003 年发布了安全电压国家标准 GB/T 3805—2008《特低电压(ELV)限值》，对安全电压的定义、等级作了明确的规定。该标准规定我国安全电压额定值的等级为 42 V、36 V、24 V、12 V 和 6 V，应根据作业场所、操作员条件、使用方式、供电方式、线路状况等因素选用。

对于比较干燥而触电危险性较大的环境，若人体电阻以 1000～1500 Ω 计，通过人体的电流按不引起心室颤动的最大电流 30 mA 计，则相应的安全电压为 30～45 V。

对于潮湿而又触电危险性较大的环境，国际电工标准协会规定安全电压为 25 V 以下，我国规定为 12 V。对于在游泳池或其他会因触电而导致严重二次事故的环境，国际电工标准协会规定为 2.5 V 以下，我国原无规定，一般认为是 3 V。

在全国各行业中，环境条件、使用条件各有差异，对安全电压的要求也有所不同，为满足这种要求，在交流有效值 50 V 上限值的规定之下，把安全电压分为五个等级，如表 3-1-2 所示。

表 3-1-2　安全电压的等级

安全电压(交流有效值)/V		选 用 举 例
额定值	空载上限值	
42	50	在有触电危险的场所使用的手持电动工具等
36	43	潮湿场所，如矿井、多导电粉尘及类似场所使用的行灯等
24	29	工作面积狭窄，操作时容易大面积接触带电体的场所，如在锅炉房、金属容器内操作等
12	15	人体需要长期触及带电器具的场所
6	8	

讨论

> 新能源汽车上的哪些零部件上的电压属于安全电压，哪些零部件上的电压不属于安全电压？

4. 人体触电的方式

按照人体触及带电体的方式和电流通过人体的途径，人体触电可分为单相触电、两相触电和跨步电压触电。

1) 单相触电

在地面上或其他接地导体上，人体某一部位触及一相带电体的触电事故为单相触电，如图 3-1-1 所示。对于高电压，人体虽然没有触及，但因超过了安全距离，高电压对人体

		项目三 高压电基础			
姓名		班级		日期	

产生电弧放电，也属于单相触电。

2) **两相触电**

人体的不同部位分别接触到同一电源的两根不同相位的相线，电流从一根相线经人体流到另一根相线的触电现象就是两相触电，如图 3-1-2 所示。

图 3-1-1 单相触电

图 3-1-2 两相触电

3) **跨步电压触电**

当电网或电气设备发生接地故障时，流入地中的电流在土壤中形成电位，地表面也形成以接地点为圆心的径向电位差。当人在距离高压导线落地点 10 m 内行走时，电流沿着人的下身，从一只脚到腿、胯部又到另一只脚与大地形成通路，前、后两脚间(一般按0.8 m 计算)电位差达到危险电压而造成的触电现象，称为跨步电压触电，如图 3-1-3 所示。人离接地点越近，跨步电压越高，危险性越大。一般在距接地点大于 20 m 时，可以认为地电位为零。

图 3-1-3 跨步电压触电

5. **人体触电的途径**

(1) 直接触电：直接触摸导电物体，如电线、插座、电器等，导致电流通过人体。

姓名		班级		日期	

(2) 短路触电：当电线或电器发生短路时，电流可能通过人体，尤其是人体处于电路的路径上时。

(3) 接地触电：当人体接触到有电流的物体并与地面接触时，电流会通过人体流入地面。

(4) 闪电触电：当人体暴露在雷暴天气下，被雷电直接击中或通过接地物体的传导导致触电。

6. 模拟触电仪的使用

模拟触电仪是一款安全体验设备，可以模拟触电的情况。通过模拟触电仪能够真实地体验到触电瞬间的感觉，从而避免人员意外触电和加强人员安全意识的培养，如图 3-1-4 所示。

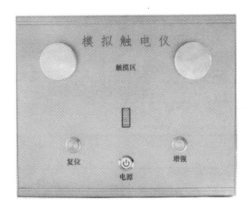

图 3-1-4　模拟触电仪

模拟触电仪的操作流程如下：

(1) 将系统模式从关闭状态开启至接通状态。

(2) 接通电源，让系统开始供电，电源指示灯亮。

(3) 按照任务要求选择需要体验的电压强度和电流强度。

(4) 双手放置于触摸区域，感受电流通过人体瞬间的感觉。

(5) 体验完成后单击复位按钮，让设备处于待机状态，准备下次体验；关闭电源，将系统模式从开启状态切换至关闭状态，准备下次使用。

 任务计划

一、检查模拟触电仪的基本内容

(1) 确认不同大小的电流给人体的感受。

项目三 高压电基础

姓名		班级		日期	

(2) 检查模拟触电仪的外观、挡位、电量。

二、制订使用模拟触电仪的基本流程

在教师的指导下，查阅相关资料，小组讨论并制订使用模拟触电仪的基本流程。

步骤	作 业 内 容

> **温馨提示**

> ➤ 进入实训车间应穿着工作服，不可佩戴手表、钥匙等金属配饰。
> ➤ 使用设备前，应先检查地点，不允许有爆炸危险的介质，周围介质中不应含有腐蚀金属和破坏绝缘的气体及导电介质，不允许充满水蒸气及有严重的霉菌存在。
> ➤ 模拟触电仪充电时，请勿使用。
> ➤ 患有严重心脏疾病者、心脏起搏器佩戴者，不能体验触电活动。

ⓘ 任务决策

各小组选派代表阐述任务计划，小组间相互讨论，提出不同的看法，教师总结点评，完善方案。

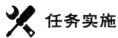 项目三　高压电基础

姓名		班级		日期	

任务实施

在教师的指导下完成分组，小组成员合理分工，完成认识高压故障电流带来的危害的任务。

"认识高压故障电流带来的危害" 任务实施表

班级		姓名	
小组成员		组长	
操作员		监护员	
记录员		评分员	

任务实施流程

序号	作业内容	作业具体内容	结果记录
1	作业准备	检查场地周围环境对设备的影响	□是　□否
		检查着装及配饰	□是　□否
2	检查人体模拟触电仪	检查外观	□是　□否
		检查电量	□是　□否
		检查开关	□是　□否
3	人体模拟触电	模拟触电仪正确打开	□是　□否
		根据要求选择电流及电压强度	□是　□否
		双手同时放置在触摸区域	□是　□否
		描述体验感受	□是　□否
		模拟触电仪复位	□是　□否
4	作业场地恢复	关闭仪器电源，将系统模式从开启状态切换至关闭状态	□是　□否
		清洁、整理场地	□是　□否

 质量检查

一、小组自检

各小组根据任务实施的记录结果对本小组的作业内容进行再次确认。

项目三 高压电基础

姓名		班级		日期	

序号	检 查 项 目	检查结果
1	作业前规范做好场地准备	□是　□否
2	作业前规范检查、准备人体模拟触电仪	□是　□否
3	正确使用人体模拟触电仪	□是　□否
4	说出体验电流各挡位时的感受	□是　□否
5	按照 8S 管理规范恢复仪器和场地	□是　□否

二、教师检查

教师根据各小组作业完成情况进行质量检查，选择优秀小组成员进行作业情况汇报，针对作业过程中出现的问题提出改进措施与建议。

作业问题及改进措施：

_____

_____

_____

_____

_____

_____

课后提升

以小组为单位查阅资料，了解因高压电流造成的事故，分析事故造成的原因，总结避免事故发生应注意的事项，提高自身安全意识。

评价反馈

小组内合理分工，交换操作员、监护员、记录员、评分员角色，完成作业任务后，结合个人、小组在课堂中的实际表现进行总结与反思。

1. 请小组成员对完成本次工作任务的情况进行评分。

项目三 高压电基础

姓名		班级		日期	

"高压故障电流带来的危害"作业评分表

序号	作业内容	评分要点	配分	得分	判罚依据
1	作业准备 (4分)	□未着工装，扣2分	2		
		□佩戴金属配饰，扣2分	2		
2	检查人体模拟触电仪 (6分)	□未检查外观，扣2分	2		
		□未检查电量，扣2分	2		
		□未检查开关，扣2分	2		
3	人体模拟触电 (14分)	□未按正确流程打开模拟触电仪，扣2分	2		
		□未按要求选择电流及电压强度，扣4分	4		
		□未将双手同时放置触摸区域，扣2分	2		
		□未准确说出体验的感受，扣4分	4		
		□未将模拟触电仪复位，扣2分	2		
4	作业场地恢复 (6分)	□未关闭仪器电源，扣1分	1		
		□未将模拟触电仪切换至关闭状态，扣3分	3		
		□未清洁、整理场地，扣2分	2		
5	安全事故	□损伤、损毁设备或造成人身伤害，视情节扣5～10分，特别严重的安全事故不得分			
合　计			30		

2. 小组作业中是否存在问题？如果有问题，如何成功解决问题？

_____

_____

_____

3. 请对个人在本次工作任务中的表现进行总结和反思。

_____

_____

_____

姓名		班级		日期	

项目三　高压电基础

课堂笔记

项目三　高压电基础

姓名		班级		日期	

任务二　新能源汽车高压零部件的识别

任务目标

知识与技能目标

- ✓ 能够准确获取派工单的关键信息，并正确填写派工单。
- ✓ 能够制订工作方案，并规范使用设备和工具。
- ✓ 能够阐述新能源汽车电压等级的分类。
- ✓ 能够阐述新能源汽车高压零部件外观的特点。
- ✓ 能够描述新能源汽车常见高压零部件的位置及其作用。
- ✓ 能够以小组合作的形式，找到实车上新能源汽车各零部件，说出其名字及作用。

过程与目标方法

- ✓ 具备从多途径的信息源中检索专业知识的能力。
- ✓ 获得分析问题和解决问题的一些基本方法。
- ✓ 尝试多元化思考解决问题的方法，形成创新意识。
- ✓ 能充分运用所学的知识解决实训问题，具备较强的应用意识和实践能力。
- ✓ 可积极主动与小组成员交流、讨论学习成果，取长补短，完成自我提升。

情感、态度和价值观目标

- ✓ 通过对标准的学习，培养按章作业的意识。
- ✓ 能严格遵守岗位操作规程，确保工具、设备和自身的安全。
- ✓ 具备良好的职业道德，尊重他人劳动，不窃取他人成果。
- ✓ 养成定期反思与总结的习惯，改进不足，精益求精。
- ✓ 具有良好的团队协作精神和较强的组织沟通能力。
- ✓ 通过认识新能源汽车高压部件，培养对该专业的兴趣。

项目三　高压电基础

姓名		班级		日期	

 任务导入

　　小李是新能源汽车维修的学员，初次接触新能源汽车时，他发现新能源汽车有很多线束都是橙黄色的，同时很多零部件上都贴有"闪电"样的标识，这与他之前接触的燃油车有很大的不同。通过之前的学习，小李知道新能源汽车上的很多零部件都属于高压部件，如果操作不当，会造成触电事故。为了安全起见，他特地请教了师傅。师傅告诉他，橙色的线束是高压线束，"闪电"标识为高压警示标识，粘贴该标识的零部件是高压零部件。那么，新能源汽车有哪些高压零部件呢？它们都有哪些作用呢？

新能源汽车高压标识的识别

 任务书

　　＿＿＿＿＿＿是一名新能源汽车维修学员。新能源汽车维修工班＿＿＿＿＿组接到了学习新能源汽车高压零部件识别的任务，班长根据作业任务对班组人员进行了合理分工，同时强调了认识高压危害的重要性。＿＿＿＿＿＿接到任务后，按照操作注意事项和操作要点进行体验高压危害的学习。

 任务分组

班级		组号		指导老师	
组长		学号			
组员	姓名：　　　　学号：		姓名：　　　　学号：		
	姓名：　　　　学号：		姓名：　　　　学号：		
	姓名：　　　　学号：		姓名：　　　　学号：		
	姓名：　　　　学号：		姓名：　　　　学号：		
任　务　分　工					

 获取信息

一、国标关于新能源汽车高压零部件的相关要求

1. 电路的电压等级

　　根据 GB 18384—2020《电动汽车安全要求》规定，电动汽车的电压等级可以分为 A

项目三　高压电基础

姓名		班级		日期	

级和 B 级，A 级电压电路是指最大工作电压小于等于交流 30 V，或小于等于直流 60 V 的电力组件或电路；B 级电压电路是指最大工作电压大于交流 30 V 且小于等于交流 1000 V，或大于直流 60 V 且小于等于直流 1500 V 的电力组件或电路(见表 3-2-1)。

表 3-2-1　电路的电压等级

电压等级	最大工作电压	
	直　流	交流(rms)
A	$0 < U \leqslant 60$	$0 < U \leqslant 30$
B	$60 < U \leqslant 1500$	$30 < U \leqslant 1000$

2. 国标对新能源汽车高压零部件外观的相关要求

为防止意外触及高压系统，新能源汽车对高压部件均采用特殊的标识或颜色，对维修人员或车主给予警示。新能源汽车通常采用高压警示标识和导线颜色进行高电压的标识警示。

1) 高压警示标识

根据 GB 18384—2020《电动汽车安全要求》的规定，新能源汽车的高压部件应满足如下高压标记要求：

B 级电压的电储能系统或产生装置，如 REESS 和燃料电池堆，应标记如图 3-5 所示的符号。对于相互传导连接的 A 级电压电路和 B 级电压电路，当电路中的直流带电部件的一极与电平台连接，且满足其他任一带电部分与这一极的最大电压值不大于 30 V (AC)(rms)且不大于 60 V(DC)时，REESS 不需要标记图 3-2-1 所示的符号。图 3-2-1 中，符号底色为黄色，边框和箭头为黑色。

注：REESS 是 REchargeable Energy Storage System 的全称，中文名为可充电储能系统。

图 3-2-1　高压警示标识

2) 导线颜色

B 级电压电线的标记要求如下：

B 级电压电路中的电缆或线束的外皮应用橙色加以区别。

二、新能源汽车高压零部件简介

1. 新能源汽车的电压概述

新能源汽车用电分为低压用电部分和高压用电部分。

低压用电部分由辅助蓄电池或者 DC/DC 变换器进行供电,供电电压一般在 12～14 V,主要用于汽车仪表盘显示、传感器、继电器、音响系统等;高压用电部分由动力电池进行供电,供电电压一般在 200～400 V,主要用于新能源汽车的高压控制系统、驱动电机系统和空调系统等。

2. 新能源汽车常见高压零部件简介

新能源汽车主要使用的是高压电力系统,主要负责启动、行驶、充放电、空调动力等。它的主要组成包括:动力电池、驱动电机、高压配电箱(PDU)、电动压缩机、DC/DC、PTC、高压线束等,其中动力电池、驱动电机、高压控制系统为纯电动汽车上的三大核心部件。在新能源车辆的维修保养过程中,正确识别新能源汽车的高压零部件,是每一位维修技师应具备的最基本技能。

1) 动力电池

新能源汽车动力电池(高压电池)主要有三元锂电池和磷酸铁锂电池两种,新能源汽车动力电池的作用是储存和释放能量,作为电动汽车提供动力来源的电源。动力电池作为新能源汽车三电核心技术之一,对新能源汽车整车的安全性、经济性、动力性起着不可取代的作用。

动力电池(见图 3-2-2)一般安装在后备厢或者底盘下面,由多个电池单体组成,利用电池串联升压的原理达到高压。

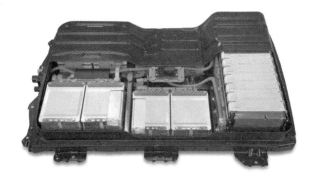

图 3-2-2　动力电池

磷酸铁锂电池和三元锂电池的区别如下:

项目三 高压电基础

姓名		班级		日期	

安全性：磷酸铁锂电池优于三元锂电池。原因是磷酸铁锂中的铁元素具有很强的抗氧化能力，避免了过充过放而导致的电池过热问题；循环性能好，这是因为磷酸铁锂电池具有非常强的化学稳定性，即使在高温下也可以正常工作。

能量密度：三元锂电池优于磷酸铁锂电池。原因是三元锂电池具有更高的能量密度，相同重量的电池，三元锂电池的能量密度是磷酸铁锂电池的 1.7 倍，可以带来更长的续航。

耐高温性：三元锂电池优于磷酸铁锂电池。原因是三元锂电池耐低温性能更好，是制造低温锂电池的主要技术路线。

此外，二者还有成本、应用范围、充电速度、充电方式等方面的区别。

2) 高压线束

新能源汽车高压线束的作用主要是高效优质地传输电能，屏蔽外界信号干扰，承担着安全可靠地传输驱动车辆行驶所需电能的重要使命。它是车辆电气元件工作的桥梁和纽带，是车辆的电力和信号传输分配的神经系统。

新能源汽车高压线束一般由连接器、端子、电线、覆盖物等零件组成，配置于电动汽车内部及外部线束连接，主要应用配电盒内部线束信号分配。由于车内高压线束具有大电压/大电流、大线径导线数量多等特点，线束的设计面临布线、安全、屏蔽、重量和成本等挑战。

根据国标规定，在新能源汽车中，高压线束一般为橙色(见图 3-2-3)。

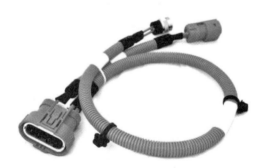

图 3-2-3 高压线束

对于高压电线路的维修，技术人员一定要切记：

高压线不能破线或者扎线检测。新能源汽车中的高压线是双层线束，因为新能源汽车的高压线是双线制，高压线的外层线束用来隔绝干扰，如果破线或者扎线检测，不仅检测结果不准确，而且很可能导致严重的汽车故障或人身伤害；同时，新能源汽车的高压线束有严格的防护等级要求，破线或者扎线检测会严重损害线束的防护等级，增加人员触电及车辆故障的风险。

3) 驱动电机

新能源汽车的驱动电机是应用电磁感应原理运行的旋转电磁机械，用于实现电能向机

项目三　高压电基础

姓名		班级		日期	

械能的转换，运行时从电系统吸收电功率，向机械系统输出机械功率，如图 3-2-4 所示。新能源汽车对驱动电机的基本要求是调速范围宽、功率密度高、安全可靠、轻量化且过载能力强，与一般工业应用的驱动电机相比，性能要求更高。目前新能源汽车所应用的驱动电机类型以交流异步电机和永磁同步电机为主。

　　混合动力汽车和纯电动汽车驱动电机安装位置有差异：混合动力汽车的安装位置在发动机和变速箱中间，纯电动汽车的安装位置在差速器上。

图 3-2-4　驱动电机

　　4) 电机控制器

　　电机控制器(见图 3-2-5)是用来将新能源汽车动力电池的直流转换成交流，并给永磁同步电机供电的设备。它安装在驱动电机附近，主要用来控制电机转速和电机转动方向，将来自高压电池(动力电池)的高压直流电经过逆变器变换为三相交流电控制电机的正反转。

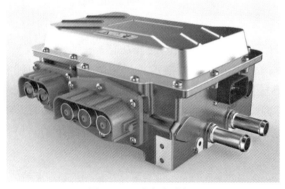

图 3-2-5　电机控制器

项目三　高压电基础

姓名		班级		日期	

5) 维修开关

新能源汽车的维修开关(见图 3-2-6)是一种手动维修开关,它是一种带熔断器的高压连接器。其主要作用是确保人车安全,在特殊情况(如车辆维修、漏电报警等)下使用。非特殊情况下不允许对紧急维修开关进行操作。

图 3-2-6　维修开关

紧急维修开关应由专业人员进行操作,操作时必须佩戴必要的劳保用品,如绝缘手套、绝缘胶鞋等。维修开关的电压等级必须大于电池组的最高电压。拔下紧急维修开关手柄后,必须将其妥善保管,直至检修完毕。拆开紧急维修开关之后,必须等待至少 10 min 方能进行维修操作。

维修开关安装在新能源汽车的高压电池上或某一特定的位置(具体位置可查阅车辆的维修手册获得)。作为新能源汽车的维修使用人员,维修技师及车主一定要了解车辆维修开关的位置,在车辆维修检查时,正确地拔掉维修开关,确保车辆安全后再进行操作。

6) 高压配电盒

高压配电盒(Power Distribution Unit,PDU)即高压配电单元,功能是负责新能源汽车高压系统中的电源分配与管理,为整车提供充放电控制、高压部件上电控制、电路过载短路保护、高压采样、低压控制等功能,保护和监控汽车高压系统的运行。高压配电盒的外观如图 3-2-7 所示。

图 3-2-7　高压配电盒

项目三　高压电基础

姓名		班级		日期	

PDU 也能够集成 BMS 主控、充电模块、DC/DC 模块、PTC 控制模块等功能模块。与传统的 PDU 相比多了整车功能模块，在功能上更加集成，结构更加复杂，具有水冷或风冷等散热结构。PDU 配置灵活，可以根据客户要求进行定制开发，能够满足不同客户不同车型需求，如三合一、四合一、五合一等。

高压线路的保险大部分都在高压配电盒中，掌握其位置并学会更换，可以帮助我们解决大部分的新能源汽车故障。

7) 电动压缩机

电动压缩机(见图 3-2-8)是新能源汽车热管理系统的核心部件，承担着为系统提供制冷与制热动力的功能，它所用的制冷工质主要有 R134a、R1234yf、R410A、R407C 和 CO_2 等。

图 3-2-8　电动压缩机

新能源汽车热管理系统可分为三部分：电池热管理、电机及功率部件热管理和空调系统。在这三个热管理子系统中，电动压缩机是新能源汽车热管理中的"心脏"，扮演着重要的角色。电动压缩机由电池提供动力，控制器控制电机转速，进而控制制冷量，调节温度。

依据国家标准《汽车空调用电动压缩机总成》(GB/T 22068—2018)，电动压缩机按照功能分为：单冷型、热泵型(在 -10℃ 蒸发温度下正常运行)、低温热泵型(在 -25℃ 蒸发温度下正常运行)三种。在结构形式上，新能源汽车空调压缩机普遍采用的电动涡旋压缩机是一种容积型压缩机，在乘用车中，通常采用半封闭卧式结构，主要由可拆卸机壳、机头主件、驱动电机、集成控制器等组成。电动涡旋压缩机由于直接采用电机驱动，在新能源汽车空调系统中，电动涡旋压缩机能够便捷高效地通过变频调节来实现流量调节。

8) 车载充电机

车载充电机(OBC，见图 3-2-9)是指固定安装在电动汽车上的充电机，具有为电动汽车动力电池安全、自动充满电的能力。车载充电机依据电池管理系统(BMS)提供的数据，能够动态调节充电电流或电压的参数,把220 V的家用交流电变为高压直流电通入高压电池完成充电过程。

只有插电式混合动力汽车和纯电动汽车才有车载充电机。

图3-2-9　车载充电机

9) 充电插座

充电插座(见图3-2-10)分为快充和慢充两种类型。

图3-2-10　充电枪及充电插座

慢充是将家用交流电变换为直流电,经过车载充电机升压之后充入高压电池。慢充一般采用恒压、恒流的传统方式对汽车进行充电。充电电流大小约为15 A,若以120 A/h的蓄电池为例,充电时间控制在8~12个小时,成本低且工作稳定,充电电流小,对电池寿命有益。

快充是从专用充电桩上取电,直接充入高压电池,充电功率较大。快充一般以150~400 A的高充电电流在短时间内为蓄电池充电。快充需要搭配更好的电池和充电桩,并不是所有的电动汽车都能快充。虽然充电速度加快,但是在快速充电过程中,电池发热量急剧增加,同时电池内部剧烈进行化学反应,所以对电池的寿命会造成一定影响,从而使电动车的后期使用成本大幅度增加。

10) DC/DC变换器

新能源汽车DC/DC变换器(见图3-2-11)是电压变换装置,可以将动力电池高电压转换

姓名		班级		日期	

为恒定低电压给全车电气设备供电，又可以给低压蓄电池充电。

图 3-2-11　DC/DC 变换器

新能源汽车 DC/DC 变换器常为降压型变换器，主要作用是将动力电池的高压电变换成低压电向低压蓄电池充电并能够给整车低压电气设备供电。很多车型为了减少成本和空间占用，会将 DC/DC 和 AC/DC(逆变器)集成在一起。

11) PTC 电加热器

新能源汽车的 PTC 电加热器(见图 3-2-12)是指利用电能产生热能，以加热车内空气或给电池加热系统提供热量的装置。

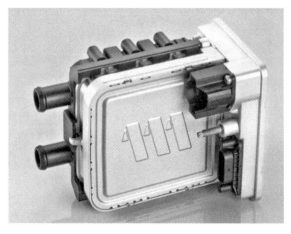

图 3-2-12　PTC 电加热器

PTC 是 Positive Temperature Coefficient 的缩写，泛指正温度系数很大的半导体材料或元器件。它通过给热敏电阻通电，使得电阻发热来提高温度。PTC 在极致情况下，也只能实现 100%的能量转换，即耗费 1 J 的能量，最多只能提供 1 J 的热量，所以，PTC 制热最主要的问题就是耗电，继而影响电动汽车的续航里程。

项目三　高压电基础

姓名		班级		日期	

任务计划

一、阐述新能源汽车高压零部件的判别方法

(1) 阐述新能源汽车高压零部件的外观特点。

(2) 阐述新能源汽车高压零部件的常见布置位置并简述其作用。

二、制订使用模拟触电仪基本流程

在教师的指导下，查阅相关资料，小组讨论并制订识别车辆高压零部件的基本流程。

步骤	作 业 内 容

温馨提示

> ➢ 进入实训车间应穿着工作服，不可佩戴手表、钥匙等金属配饰。
> ➢ 在进行新能源汽车零部件识别前，做好场地的布置。
> ➢ 切勿直接用手触摸高压零部件。

(i) 任务决策

各小组选派代表阐述任务计划，小组间相互讨论，提出不同的看法，教师总结点评，完善方案。

项目三　高压电基础

姓名		班级		日期	

任务实施

在教师的指导下完成分组，小组成员合理分工，完成新能源汽车高压零部件识别任务。

"新能源汽车高压零部件识别"任务实施表

班级		姓名	
小组成员		组长	
操作员		监护员	
记录员		评分员	

任务实施流程

序号	作业内容	作业具体内容	结果记录
1	作业准备	规范着装	□是　□否
		检查设备及工具是否正常	□是　□否
		正确穿戴防护用具	□是　□否
		按标准化作业流程进行场地布置	□是　□否
2	检查车辆状态	检查车辆是否处于充电状态	□是　□否
		检查车辆是否有故障	□是　□否
		作业前车辆是否进行下电操作	□是　□否
3	高压零部件的识别	正确描述高压零部件的判别方法	□是　□否
		正确指出高压零部件的位置及名称	□是　□否
		正确描述高压零部件的功能	□是　□否
4	作业场地恢复	将车辆恢复原状态	□是　□否
		将工具归位	□是　□否
		清洁、整理场地	□是　□否

质量检查

一、小组自检

各小组根据任务实施的记录结果，对本小组的作业内容进行再次确认。

项目三　高压电基础

姓名		班级		日期	

序号	检 查 项 目	检查结果
1	作业前规范做好场地准备	□是　□否
2	作业前规范检查需要使用的仪器及工具	□是　□否
3	正确描述高压零部件的判别方法及大致位置	□是　□否
4	正确识别高压零部件，准确说明其名称及功能	□是　□否
5	按照 8S 管理规范恢复仪器和场地	□是　□否

二、教师检查

教师根据各小组作业完成情况进行质量检查，选择优秀小组成员进行作业情况汇报，针对作业过程中出现的问题提出改进措施与建议。

作业问题及改进措施：

课后提升

以小组为单位查阅资料，了解新能源汽车高压零部件的电气原理及在维修保养过程中的注意事项，增加知识储备，增强安全意识。

评价反馈

小组内合理分工，交换操作员、监护员、记录员、评分员角色，完成作业任务后，结合个人、小组在课堂中的实际表现进行总结与反思。

1. 请小组成员对完成本次工作任务的情况进行评分。

项目三 高压电基础

姓名		班级		日期	

"新能源汽车高压零部件识别"作业评分表

序号	作业内容	评 分 要 点	配分	得分	判罚依据
1	作业准备 (8分)	□着装不规范，扣2分	2		
		□未检查设备及工具，扣2分	2		
		□未正确穿戴防护用具，扣2分	2		
		□未按标准化作业流程进行场地布置，扣2分	2		
2	检查车辆状态(8分)	□未检查车辆是否处于充电状态，扣2分	2		
		□未检查车辆是否有故障，扣2分	2		
		□未在作业前将车辆下电，扣4分	4		
3	新能源汽车高压零部件识别(8分)	□未正确描述高压零部件的判别方法，扣2分	2		
		□未正确指出高压零部件的位置及名称，扣4分	4		
		□未正确描述高压零部件的功能，扣2分	2		
4	作业场地恢复(6分)	□未将车辆恢复原状态，扣2分	2		
		□未将工具归位，扣2分	2		
		□未清洁、整理场地，扣2分	2		
5	安全事故	□损伤、损毁设备或造成人身伤害，视情节扣5～10分，特别严重的安全事故不得分			
	合　计		30		

2. 小组作业中是否存在问题？如果有问题，如何成功解决问题？

_____

_____

_____

3. 请对个人在本次工作任务中的表现进行总结和反思。

_____

_____

_____

项目三 高压电基础

姓名		班级		日期	

课堂笔记

	项目三　高压电基础				
姓名		班级		日期	

任务三　高压安全法规要求

任务目标

知识与技能目标

- ✓ 能够准确获取派工单的关键信息，并正确填写派工单。
- ✓ 能够制订工作方案，并规范使用设备和工具。
- ✓ 能够阐述新能源汽车高压安全设计的原理。
- ✓ 能够阐述对售后维修人员的资质要求。
- ✓ 能够以小组合作的形式，在整车上识别新能源汽车的高压安全设计。

过程与目标方法

- ✓ 具备从多途径的信息源中检索专业知识的能力。
- ✓ 获得分析问题和解决问题的一些基本方法。
- ✓ 尝试多元化思考解决问题的方法，形成创新意识。
- ✓ 能充分运用所学的知识解决实训问题，具备较强的应用意识和实践能力。
- ✓ 可积极主动与小组成员交流、讨论学习成果，取长补短，完成自我提升。

情感、态度和价值观目标

- ✓ 通过学习新能源汽车的安全设计，加强学生逻辑思维的锻炼。
- ✓ 能严格遵守岗位操作规程，确保工具、设备和自身的安全。
- ✓ 具备良好的职业道德，尊重他人劳动，不窃取他人成果。
- ✓ 养成定期反思与总结的习惯，改进不足，精益求精。
- ✓ 具有良好的团队协作精神和较强的组织沟通能力。
- ✓ 通过学习新能源汽车高压安全设计的原理知识，增强对学习新能源汽车的兴趣。

项目三 高压电基础

姓名		班级		日期	

 任务导入

小李在维修一台新能源汽车后，发现该车辆始终无法上电，且仪表上显示高压互锁故障。师傅告诉他，新能源汽车上都有高压互锁的设计，一旦高压互锁失效，车辆便无法上高压。经过检查发现问题的原因为小李在对车辆维修后漏插了一个高压插件。将该插件插接完好后故障消失。

了解新能源汽车的高压安全设计，可以帮助我们在车辆维修中提升安全意识，同时，由于新能源汽车和传统车有很大的差别，故对维修人员的资质要求也有很大的不同。

 任务书

_____是一名新能源汽车维修学员。新能源汽车维修工班_____组接到了学习新能源汽车高压安全法规及售后人员资质的任务，班长根据作业任务对班组人员进行了合理分工，同时强调了认识高压危害的重要性。_____接到任务后，按照操作注意事项和操作要点进行体验高压危害的学习。

 任务分组

班级		组号		指导老师	
组长		学号			
组员	姓名：	学号：		姓名：	学号：
	姓名：	学号：		姓名：	学号：
	姓名：	学号：		姓名：	学号：
	姓名：	学号：		姓名：	学号：
任务分工					

项目三　高压电基础

姓名		班级		日期	

🧠 获取信息

一、　新能源汽车高压安全设计

1. 高电压互锁回路

1)　高压互锁回路的定义

高压互锁(HVIL)是高压互锁回路(Hazardous Voltage InterlockLoop)的简称。高压互锁是指通过使用低压信号来检查电动汽车上所有与高压母线相连的各分路，包括整个电池系统、导线、连接器、DC/DC、电机控制器、高压盒及保护盖等系统回路的电气连接完整性与连续性。它是与高压回路并行的低压回路，每个检测节点与高压接插件一一对应。常规设计为：连接时，插件公头母头之间对接，先接触到高压端子，后接触到互锁端子，互锁端子的针头被短接，连通互锁回路；断开时，互锁端子先断开后再断开高压端子，低压互锁回路被切断。这样能有效提前判断高压端子断开或松动，保证车辆及时对该高压互锁断开进行故障处理，实现安全功能控制。

高压互锁回路是新能源汽车高压保护电器的关键组成部分，其作用如下：

(1) 避免高压连接器带电插拔时，对高压端子产生不良的影响，防止拉弧损坏问题的出现。

(2) 若在车辆运行环节出现完整性被破坏或者高压系统短路问题，能够产生安全防护动作，以免电池向外供电。

(3) 高电压互锁回路可以有效保证高压系统的完整性，防止各种因素对高压系统产生不良影响，提升高压系统安全性。

在 ISO 国际标准《ISO 6469-3: 2021 电动道路.安全规范.第 3 部分：电气安全》中，规定车上的高压部件应具有高压互锁装置，如图 3-3-1 所示。

图 3-3-1　高压互锁插件

项目三　高压电基础

姓名		班级		日期	

高压互锁第一个任务是高压切断双重保护。安全盖板和插头内分别有一个跨接线。对高电压安全插头而言：插上高电压插头后，高电压互锁回路内的跨接线闭合；拔下插头后，跨接线使高电压互锁回路断开。如果装上安全盖板，则高电压互锁回路内的跨接线闭合；如果取下安全盖板并因此隔离跨接线，则高电压互锁回路断开。

高压互锁第二个任务是分析互锁信号电路。断开安全盖板或高电压安全插头，或发现接收到的信号与所发出的高电压互锁信号存在较大偏差(信号电平、对地或对正极短路)，则电子装置促使高电压系统关闭。

2) 高压互锁回路的构成

高压互锁回路的组成形式并不固定。图 3-3-2 为一种常见的高压互锁回路，它将各个高压器件的互锁回路串联成共用一个回路，称为一种串联式的高压互锁回路。

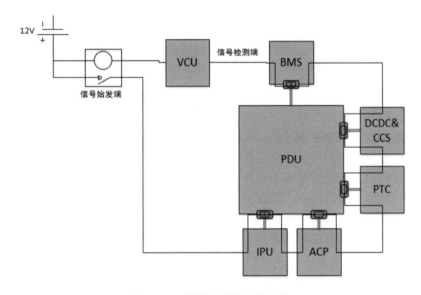

图 3-3-2　串联式高压互锁回路

另外，也可根据高压器件的等级和功能进行分类，独立成多条回路，各回路独立控制。如将 VCU、IPU、DC/DC、PTC 等器件作为一条回路，将 BMS 作为另一条回路，BMS单独检测内部的高压互锁回路；或者将车辆的放电回路与充电回路区分开来，构成 2 条独立的回路。高压互锁回路的整体布置主要从系统层面出发，由功能安全开发需求来进行设计，因此，在进行检测维修时，应严格依据车辆维修手册中的电路图进行操作。

通常，高压互锁回路是一条低压的回路，常见为 12 V。该回路是否连通是由 VCU 等控制器根据检测硬线的电平高低来确认的，该回路经过检测控制器的内部芯片检测电路。

🔋 项目三　高压电基础

姓名		班级		日期	

3) 高压互锁回路的检测方法

新能源汽车高压互锁的检测方式主要有电压检测、PWM 检测等。在进行高压互锁检测时，需要将车辆上电，进行实时检测。

(1) 电压检测。电压检测通常利用 VCU 进行回路检测。

在车辆上电后，VCU 吸合高压互锁继电器，由蓄电池 12V 电压供电发起，根据回路的高压器件前后布置情况，流经各个器件节点，再由 VCU 控制器作为检测末端，对输入的电平进行检测。当输入为 12V 时，VCU 检测为整车高压互锁正常；若检测到的电压较低或为 0，则认为高压互锁异常，有接触不良或是断开的故障。

各个器件的控制器也可以增加检测线，单独对自己节点的电压进行检测，通过报文将互锁的状态标志位上报到总线上，一旦发生高压互锁故障，可通过报文快速地判断出异常的控制器节点，方便问题排查。

(2) PWM 检测。PWM 检测方式主要是指控制器通过检测端口发送 PWM 波形，流经各个器件后，再回到控制器的回采端口。PWM 检测时，可根据周期性的模拟采集数据，通过计算测量 PWM，判断是否在设计的范围内，进一步判断高压互锁连接是否正常。

4) 高压互锁回路的故障诊断及处理方法

通常，新能源车辆有充电、行车及高压静态上电三种使用方式。如果在使用过程中高压回路插件出现松动、脱落等问题，且高压电路不具备分断能力，则在插件之间容易出现拉弧、漏电等现象，从而增加驾乘人员或车辆维修人员的触电风险。

高压互锁的检测回路在诊断出高压互锁故障后，会根据车辆的使用场景，以合适的方式对整车进行故障处理，并在仪表做出相应的故障提示，并在必要时对整车高压紧急下电，以确保车辆短时间内断开高压，保证车辆的用电安全。

通常，车辆在遇到高压互锁的响应方式如下：

(1) 车辆充电时：车辆在充电过程，整车处于高压状态，若出现高压互锁故障，应当立即退出充电，BMS 停止向充电桩请求输出，同时切断整车高压回路，进行下电处理。

(2) 车辆行车时：行车过程中，如果出现高压互锁故障，可先维持车辆在行车模式，继续行驶，做适当的限速或降功率处理，并通过仪表提示驾驶员，尽快停止车辆行驶，联系维修。在下一循环上电时，不允许车辆上高压电启动，待完成维修清除故障码后才允许车辆正常使用。

(3) 车辆静态高压上电时：静态车辆在高压上电前，如果出现高压互锁故障，则不允许车辆上电；如果车辆在高压过程中突然出现高压互锁故障，则应立即下电，VCU 请求电机主动放电，对高压回路的电容带电进行快速泄放，预防高压触电危险。

高压互锁故障触发后，应完成车辆维修并清除故障码，车辆才可恢复正常上电使用，以确保整车的用电安全。

项目三　高压电基础

姓名		班级		日期	

2. 高压自放电电路

由于新能源汽车的部分高压部件存在容性负载，即便按照规定程序断开了手动维修开关，将动力电池从高压电网中断开，高压系统的部分电路中仍会保持一定范围的高压，该高压仍可能危及接触部件的人，因此，高压系统在每次断电后都会强制进行高压电路放电。

新能源汽车高压电路中通常有一个主动放电电阻，该电阻位于供电电子装置内。关闭高压系统时，不仅供电电子装置内的电容器通过该电阻放电，其他高压系统组件内的电容也通过该电阻主动放电。

图3-3-3借助高电压组件的简化电路图展现了系统放电的原理。新能源汽车中的实际放电电路可能与该图不同。

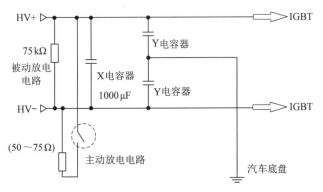

图 3-3-3　高压自放电电路

除主动放电电阻外，带电容器的每个高电压组件内还有被动放电电阻。确保主动放电成功结束前，即使主动放电失败或高电压组件之间的高电压导线断路，电容器也能放电。

由图3-3-3可以看出，供电电子装置中使用的电容器与高电压导线并联。

该电路由一个被动放电电阻和一个主动放电电阻组成，被动放电电阻始终与电容器并联。打开高电压蓄电池内的接触器后，放电电流立即从电容器通过被动放电电阻流走。该系统的设计方案是，延迟5 min后电容器通过被动放电电路放电到非危险电压。但是，被动放电只是主动放电电阻不运行时的一项附加安全措施。高电压蓄电池的接触器关闭后，关闭高电压系统时，供电电子装置控制主动放电电路上开关的关闭。这种设计可确保最迟5 s后结束高电压电路主动放电。

3. 短路熔断保护电路

新能源汽车的短路熔断保护电路是利用电流超过保险丝所能承受的极限，靠发热熔断保险丝，从而切断电路，保护电路和用电器不被烧坏。

在电动汽车高压配电盒中，输出端主要连接汽车辅助电源系统，在配电盒内部一般情况下会包括电加热器支路、空调压缩机支路、DC/DC 支路及充电机支路等。在这几个支路上，每个支路都需要安装线路保护熔断器，目的是在各负载发生短路时能够及时切断电

项目三　高压电基础

姓名		班级		日期	

源保护线路，避免车辆发生火灾及烧坏车上其他部件。

新能源汽车中的动力电池、储能电容、电动机、变流器和电控线路等均属直流系统，都需要直流类型的熔断器做短路保护才能保证安全可靠的正常运行和超强能力的短路开断效果。

通常新能源汽车高压电路的熔断器布置于车辆的高压配电盒中，如果发现某个高压零部件无法上电，可根据电路图找到该部件高压熔断器的位置，对其进行检查。

4. 电位均衡的要求

新能源汽车电位均衡是指以某一种方式(如地线、焊接、螺栓固定等)将可导电部分与车身地连接起来，使车身地作为参考电位，保证车辆上不同电位部分的电气连接，降低车辆的电气系统故障风险和减少车辆的电气系统故障。

在 GB/T 18384—2020 中规定，所有组成电位均衡电流通路的组件(导体、连接部分)应能承受单点失效情况下的最大电流；电位均衡通路中任意两个可以被人同时触碰到的外露可导电部分之间的电阻应不超过 0.1 Ω。

对于高电压系统中的高压组件，由于内部破损或潮湿，可能会给外壳传递一个电势。如果两个外壳同时具有不同的电势，则两者间会形成具有危险性的电压。如果手触及这两个组件，则可能有触电危险，如图 3-3-4 所示。因此所有高电压系统组件都通过一根电压平衡线连到车辆的接地端。即使手触到两个有接地故障的组件，也不会有触电危险，如图 3-3-5 所示。

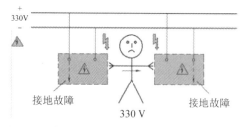

图 3-3-4　高压组件电势不平衡造成人员触电

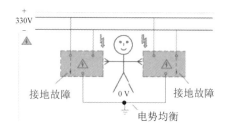

图 3-3-5　高压组件电势平衡人员无触电风险

5. 绝缘电阻的要求

与传统汽车相比，电动汽车中电动和电子系统的比例大大增加，而且电动汽车在汽车上使用的高压系统是一个几百伏的电压平台。因此，电气绝缘是电动汽车高压安全的重要项目。

根据相关规范和 GB/T 18384—2020《电动汽车安全要求》中对人体安全电流(DC 10 mA、交流 2 mA)的要求，对绝缘电阻的最低要求为：在最大工作电压下，直流电路绝缘电阻的最小值至少应大于 100 Ω /V，交流电路至少应大于 500 Ω/V。当然，实际汽车厂家生产车辆的标准会高于国标要求。

项目三 高压电基础

姓名		班级		日期	

同时，电动汽车必须具备绝缘电阻监测功能，当绝缘阻值低于绝缘电阻的最低要求时，应通过声、光报警提示驾驶员，如仪表文字或者图标显示、语音提示等。绝缘监测功能的载体形式不限制，可以是独立的模块，也可以和其他功能模块进行集成，如集成于 BMS。

新能源车绝缘故障报警的原理是通过电气设备连接的绝缘电阻来判断电气设备连接是否正常，当绝缘电阻低于一定值时，会触发报警系统报警，提醒车主及时处理故障，以避免安全事故的发生。

绝缘故障的常见原因有：接线不良、绝缘材料老化、电气设备受潮、碰撞损坏等。对于新能源车而言，绝缘故障报警系统的存在可以充分保障新能源车的安全性。与传统车辆相比，新能源车辆的电气系统更加复杂，驱动电机、电控系统、充电器等设备的数量和运作状态更加复杂，而绝缘故障报警系统能够及时发现和提示电气系统中可能存在的故障，从而充分保障车辆的安全性。

绝缘监测功能要求如下：

(1) 车辆在"OK"或"READY"状态下，绝缘监测功能应开始工作。

(2) 无论是直流母线正极侧与电平台、直流母线负极侧与电平台还是交直流耦合电路的交流侧与电平台，当电阻值低于绝缘电阻的最低要求时，绝缘监测功能应能够检测出漏电故障并发出报警提示。

二、售后维修人员资质要求

新能源汽车售后维修人员资质的法规要求因地区和国家而异。

欧洲：欧洲国家通常参考欧盟指令 2005/36/EC 关于职业资格自由流动的要求。根据该指令，新能源汽车售后维修人员需要持有相应的职业资格证书或培训认证，以满足欧洲各国的法规要求。

美国：美国没有统一的联邦层面的法规要求，不过，各州可能有自己的要求，例如加州要求新能源汽车维修人员获得特定的认证，如 California Engine Repair Specialist Certification。

中国：中国国家标准 GB/T 16739《汽车维修业经营业务条件》对新能源汽车售后维修人员的资质提出了要求。根据该标准，新能源汽车售后维修人员需要具备相关的专业知识和技能，并通过相应的培训认证或考试。

国家规定，进行高压电组件方面工作的员工必须经过相应的培训认证，经过培训认证后的员工方可成为新能源汽车高压系统的电气专业人员(高电压工程师)。每个厂家对于员工资质的认证主要包括两个方面：

项目三 高压电基础

姓名		班级		日期	

(1) 具备国家颁发的《特种作业操作证(低压电工证)》。

(2) 必须经过厂家新能源车型培训，并通过考核。

《新能源汽车电工操作证》属于国家特种作业证，是从事 4S 店及新能源汽车企业上岗就业必须持有的证件，如图 3-3-6 所示。

图 3-3-6 特种作业操作证(低压电工证)

任务计划

一、新能源车辆高压安全设计识别前的准备工作

(1) 阐述新能源汽车常见的高压安全设计。

(2) 阐述新能源汽车维修保养时的防护措施。

二、制订检查新能源车辆高压安全设计的基本流程

在教师的指导下，查阅相关资料，小组讨论并制订识别新能源车辆高压安全设计的基本流程。

步骤	作 业 内 容

任务决策

各小组选派代表阐述任务计划，小组间相互讨论，提出不同的看法，教师总结点评，完善方案。

项目三　高压电基础

姓名		班级		日期	

🔧 任务实施

在教师的指导下完成分组，小组成员合理分工，完成识别新能源车辆高压安全设计任务。

"识别新能源车辆高压安全设计"任务实施表

班级		姓名	
小组成员		组长	
操作员		监护员	
记录员		评分员	

任务实施流程

序号	作业内容	作业具体内容	结果记录
1	作业准备	规范着装	□是　□否
		检查设备及工具是否正常	□是　□否
		正确穿戴防护用具	□是　□否
		按标准化作业流程进行场地布置	□是　□否
2	检查车辆状态	检查车辆是否处于充电状态	□是　□否
		检查车辆是否有故障	□是　□否
		作业前车辆是否进行下电操作	□是　□否
3	新能源车辆高压安全设计	正确识别车辆上的高压互锁设计	□是　□否
		正确识别车辆上的等电位连接设计	□是　□否
		正确描述新能源汽车高压安全设计的作用	□是　□否
4	作业场地恢复	将车辆恢复原状态	□是　□否
		将工具归位	□是　□否
		清洁、整理场地	□是　□否

项目三　高压电基础

姓名		班级		日期	

♻ 质量检查

一、小组自检

各小组根据任务实施的记录结果，对本小组的作业内容进行再次确认。

序号	检 查 项 目	检查结果
1	作业前规范做好场地准备	□是　□否
2	作业前规范检查需要使用的仪器及工具	□是　□否
3	正确识别新能源车辆高压安全设计，描述其作用	□是　□否
4	按照 8S 管理规范恢复仪器和场地	□是　□否

二、教师检查

教师根据各小组作业完成情况进行质量检查，选择优秀小组成员进行作业情况汇报，针对作业过程中出现的问题提出改进措施与建议。

作业问题及改进措施：

_____

_____

_____

_____

_____

_____

_____

📊 课后提升

以小组为单位查阅资料，总结新能源汽车关于高压安全的法规要求，提升对知识掌握的熟练度，增强总结归纳的能力。

姓名		班级		日期	

项目三 高压电基础

 评价反馈

小组内合理分工，交换操作员、监护员、记录员、评分员角色，完成作业任务后，结合个人、小组在课堂中的实际表现进行总结与反思。

1. 请小组成员对完成本次工作任务的情况进行评分。

"识别新能源车辆高压安全设计"作业评分表

序号	作业内容	评 分 要 点	配分	得分	判罚依据
1	作业准备 (8分)	□着装不规范，扣2分	2		
		□未检查设备及工具，扣2分	2		
		□未正确穿戴防护用具，扣2分	2		
		□未按标准化作业流程进行场地布置，扣2分	2		
2	检查车辆状态 (8分)	□未检查车辆是否处于充电状态，扣2分	2		
		□未检查车辆是否有故障，扣2分	2		
		□未在作业前将车辆下电，扣4分	4		
3	识别高压安全 设计(8分)	□未正确识别车辆上的高压互锁设计，扣2分	2		
		□未正确识别车辆上的等电位连接设计，扣2分	2		
		□未正确描述高压安全设计的作用，扣4分	4		
4	作业场地恢复 (6分)	□未将车辆恢复原状态，扣2分	2		
		□未将工具归位，扣2分	2		
		□未清洁、整理场地，扣2分	2		
5	安全事故	□损伤、损毁设备或造成人身伤害，视情节扣5～10分，特别严重的安全事故不得分			
合 计			30		

项目三　高压电基础

姓名		班级		日期	

2. 小组作业中是否存在问题？如果有问题，如何成功解决问题？

_____

_____

_____

3. 请对个人在本次工作任务中的表现进行总结和反思。

_____

_____

_____

_____

课堂笔记

_____

_____

_____

_____

_____

_____

_____

_____

_____

_____

_____

项目四 高压安全防护

姓名		班级		日期	

任务一 高压车间安全管理

 ### 任务目标

知识与技能目标

✓ 能够准确获取派工单的关键信息，并正确填写派工单。

✓ 能够制订工作方案，并规范使用设备和工具。

✓ 能描述新能源汽车维修专用高压车间场地与设施的要求。

✓ 能描述新能源汽车维修人员的要求。

✓ 能够遵守新能源汽车维修高压车间和人员的要求。

✓ 能够描述新能源汽车的维修流程。

✓ 能够描述新能源汽车的维修规范。

过程与目标方法

✓ 具备从多途径的信息源中检索专业知识的能力。

✓ 获得分析问题和解决问题的一些基本方法。

✓ 尝试多元化思考解决问题的方法，形成创新意识。

✓ 能充分运用所学的知识解决实训问题，具备较强的应用意识和实践能力。

✓ 可积极主动与小组成员交流、讨论学习成果，取长补短，完成自我提升。

情感、态度和价值观目标

✓ 能严格遵守岗位操作规程，确保工具、设备和自身的安全。

✓ 具备良好的职业道德，尊重他人劳动，不窃取他人成果。

✓ 养成定期反思与总结的习惯，改进不足，精益求精。

✓ 具有良好的团队协作精神和较强的组织沟通能力。

✓ 通过学习新能源汽车维修专用高压车间场地与设施的要求，能够熟悉高压操作流程，树立安全第一的意识。

项目四　高压安全防护

姓名		班级		日期	

任务导入

高压车间
安全管理

　　你所在的维修站需要组建新能源汽车专业维修车间，要求你来制订新能源汽车专业维修车间的布置方案，并制订高压车间维修的作业标准，你能完成这个任务吗？新能源汽车高压维修车间有高电压安全风险，场地设施必须符合安全管理及相关标准。同时，除了普通维修车间的安全要求外，高压维修车间必须制订相关的管理制度，加强安全管理，杜绝触电、火灾等安全事故的发生。

任务书

　　_____是一名新能源汽车维修学员。新能源汽车维修工班_____组接到了制订新能源汽车专业维修车间布置方案的任务，班长根据作业任务对班组人员进行了合理分工，同时强调了注意事项。_____接到任务后，按照操作注意事项和操作要点进行新能源汽车专业维修车间工位场景及布置的学习。

任务分组

班级		组号		指导老师	
组长		学号			
组员	姓名：　　　　学号： 姓名：　　　　学号： 姓名：　　　　学号： 姓名：　　　　学号：			姓名：　　　　学号： 姓名：　　　　学号： 姓名：　　　　学号： 姓名：　　　　学号：	
任 务 分 工					

获取信息

一、新能源汽车专用维修车间的工位场景及布置要求

　　新能源汽车专业维修车间作为高电压车辆的维护与检修场所，其工作环境的好坏将直

项目四　高压安全防护

姓名		班级		日期	

接影响是否发生事故，新能源汽车维修车间的场地与设施比普通汽车维修车间要求要高，包括工位数量、面积、采光、照明和通风等多个方面。

(1) 工位数量。新能源汽车专业维修车间应至少具备三个标准工位(7 m × 4 m)，至少具备一台双柱龙门举升机。

(2) 使用面积。高压维修车间的面积根据实际要求确定，并符合国家的相关规定。

(3) 采光。明亮的车间可以让车辆维护人员能够清楚地观察到周围的部件及物体，避免因为视线不好意外触碰到高压而发生危险，同时也能够有利于其他人员及时观察到可能存在的隐患，维修车间的采光应符合国标 GB 50033—2013《建筑采光设计标准》的有关规定。注意光的方向性，应避免对工作产生遮挡和不利的阴影。对于需要识别颜色的场所，应采用不改变自然光光色的采光材料。

(4) 照明。当天然光线不足时，应配置人工照明。人工照明光源应选择接近天然光色温的光源。高压维修车间的照明要求应符合国标 GB/T 50034—2024《建筑照明设计标准》的有关规定。

(5) 干燥。高压维修车间必须保持干燥。场地应避免积水或暴雨、漏雨的情况发生，保持干燥的要求是为了降低维修人员的触电风险。

(6) 通风。高压维修车间的通风应符合国标 GB 50016—2024《建筑设计防火规范》和工业企业通风的有关要求，车间保持通风有利于在维修车辆期间产生的有害物排出，在发生触电事故的情况下，通风的环境能够更加有利于伤者呼吸到更多的氧气。

(7) 防火。高压维修车间的防火应符合国标 GB 50016—2024 有关厂房、仓库防火的规定以及国标 GB 50067—2024 的有关规定。

(8) 卫生。高压维修车间的卫生应符合 GB Z1—2010、GB/T12801—2008 的有关要求。

(9) 安全标识。高压维修车间的安全标识应符合 GB 2894—2008、GB 2893—2020 的有关要求。当工位上有高电压车辆进行维修时，必须布置有明显的警告标识，避免他人未经允许进入高电压工位而发生危险。

除此之外，高压维修车间需要安装充电桩，电气线路应符合生产用电的要求，确保接线良好，电线规格符合要求并没有破损老化等，图 4-1-1 为新能源汽车专业维修车间充电桩布置。当工位上有高电压车辆进行维修时，要求在工位周围必须布置有明显的警示标识，避免他人未经允许进入高电压工位而发生危险。图 4-1-2 为高压警示标识。

图 4-1-1　充电桩布置　　　　　图 4-1-2　高压警示标识

项目四　高压安全防护

姓名		班级		日期	

（10）高压安全防护的相关规定。

① 应遵循五条安全规定：遵守断开、防止重新接通、确定处于无电压状态、接地和短路、遮盖或阻隔相邻的带电部件五条安全规定。

② 应使用个人防护装备：应向维修人员提供合适的个人防护装备，以便在工作场所进行作业。

③ 应遵循维修场地的要求：为避免发生危险或造成损坏，车辆的停放位置必须干净、干燥、无油脂，且不会接触到飞溅的火星，要避免与车辆清洁和其他车辆的维修工位过近。

知识拓展

> ➤ 对于高电压车辆的维护，很多厂商对其维护工位有特别的要求，例如，比亚迪汽车要求维修其新能源汽车必须具有单独的维修工位，该工位的设备采用特殊的颜色与其他工位进行区别。

⊠ **想一想**

比亚迪汽车对高压维修工位的布置有哪些要求？各小组成员通过资料查阅、充分讨论并将答案填入表 4-1-1 中。

表 4-1-1　比亚迪汽车高压维修工位布置要求

序号	比亚迪汽车高压维修工位布置要求
1	
2	
3	
4	
5	
6	
7	
8	

项目四 高压安全防护

姓名		班级		日期	

二、新能源汽车维修安全管理制度

为了保证维修人员及车辆的安全，新能源汽车维修人员需要遵循相应的安全管理制度。

(1) 车辆维修过程中的高压部件必须立即标识明显的"高压勿动"的警示，并禁止将带有高压电的部件放置在无人看管的环境下。

(2) 未经高压安全培训并取得特种作业操作证(低压电工证)的维修技师，不允许对高压部件进行拆装、维修等操作。

(3) 车辆在充电过程中不允许对高压部件进行拆装、维修等工作。

(4) 高压部件拆装、维修前，维修技师必须检查及穿戴个人安全防护装备，并使用绝缘工具进行拆装操作。

(5) 高压部件拆装、维修过程中，维修技师禁止戴手表等金属物品。

(6) 进行车身焊接前应清理周围的易燃物品，做好车身的保护，预防飞溅及着火，并严格按照焊接及维修工艺进行操作。

(7) 高压部件拆卸、维修前必须进行高电压中止操作，即根据车型切断低压电源和拆卸高压维修开关，并检验确认相关部件没有高压电。

(8) 维修完毕后上电前，应确认车辆无人操作。

(9) 更换高压部件后，高压电缆接口必须按照标准扭矩拧紧，并测量线路绝缘性能正常。

(10) 在执行车辆维修期间，必须同时有两名持有上岗证的维修技师进行工作，其中一名维修技师作为该工作的监护人，监督维修的全过程。如果发生触电事故，监护人应该立即采取有效措施执行急救。

(11) 如果发生火灾，不要惊慌，要及时采取正确的方法来灭火。首先要切断电源，立即离开车辆并站在远离车辆的上风处，在采取救火措施的同时立刻报警。

(12) 每天应该检查车间的灭火器是否在固定的位置，是否在有效期内。要充分了解灭火器及消防栓等消防设备的性质和正确的使用方法。

三、新能源汽车维修人员要求

新能源汽车维修人员除了要遵守新能源汽车维修安全管理制度，还必须持证上岗，并经过培训，才能进行操作。具体要求如下：

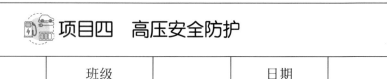

项目四　高压安全防护

姓名		班级		日期	

(1) 经过培训、考核并取得安监部门(应急管理部)颁发的《特种作业操作证》，如图4-1-3 所示。

(2) 经过电动汽车结构原理与维修技术培训，并通过考核。

(3) 电动汽车维修必须由两名持证的维修人员同时进行，其中一名人员作为维修监护人员。

图 4-1-3　特种作业操作许可证

温馨提示

> 　　➢　根据《特种作业人员安全技术培训考核管理规定》，特种作业操作证有效期为 6 年，每 3 年复审一次，满 6 年需要重新考核换证。特种作业人员在特种作业操作证有效期内，连续从事本工种 10 年以上，严格遵守有关安全生产法律法规的，经原考核发证机关或者从业所在地考核发证机关同意，特种作业操作证的复审时间可以延长至每 6 年 1 次。

四、新能源汽车维修流程

电动汽车(包括混合动力汽车)涉及高压电，只有在维修过程中保证按照工作流程进行，才能保护我们自身的安全和车辆、设备的安全。

新能源汽车(高压车辆)维修时必须严格按照流程进行，高压车辆维修流程如图 4-1-4 所示。

项目四 高压安全防护

姓名		班级		日期	

监护人员：引导车辆进入专用维修工位。

操作人员：在维修工位设置高压警告标识。

监护人员：监督并协调具有维修资质的人员维修车辆。

操作人员：检查个人安全防护装备，按正确要求穿戴。

监护人员：监督维修操作人员规范操作流程。

操作人员：需要维修高电压系统前，必须先执行高压中止与检验。

图 4-1-4 高压车辆维修流程

图 4-1-4 中，电动汽车维修监护人员的技术技能等级应高于操作人员，同时，应具有丰富的实际工作经验并熟悉现场及设备情况，能够熟练完成以下安全监督工作。具体要求如下：

(1) 进行高电压切断时，监护所有操作人员的活动范围，使其与带电设备保持规定的安全距离。

(2) 带电作业时，监护所有操作人员的活动范围，使其与高压部件保持规定的安全距离。

(3) 监护所有操作人员的工具使用是否正确，工作位置是否安全，以及操作方法是否正确等。

(4) 工作中监护人员因故离开工作现场时，必须另指派了解有关安全措施的人员接替监护并告知操作人员，使监护工作不致间断。

(5) 监护人员发现操作人员有不正确的动作或违反规程的行为时，应及时提出纠正，必要时可令其停止工作，并立即上报。

(6) 所有操作人员不准单独留在维修保养中的专用工位区域内，以免发生意外触电或电弧灼伤。

(7) 监护人员应自始至终不间断地进行监护，在执行监护时，不应兼做其他工作。但在动力电池与新能源汽车断开的情况下监护人员可参加班组的工作。

(8) 其他新能源汽车的维修安全监督工作。

姓名		班级		日期	

五、新能源汽车维修规范

启发思考

> 假如你是一名汽车维修工，在维修高电压车辆时，你必须遵循哪些高电压安全操作规范和机动车维修操作规范呢？

(1) 对于车辆维修过程中的高压配件必须立即标识明显的"高压勿动"警示，并禁止将带有高压电的部件放置在无人看管的环境中。

(2) 在修理与维护过程中，维修人员禁止佩戴手表等金属物品。

(3) 严禁非专业人员对高压部件进行移除及安装。

(4) 未经高压安全培训并取得许可证的维修人员，不得对高压部件进行维修等操作。

(5) 车辆在充电过程中不允许对高压部件进行拆装、维修等工作。

(6) 维修前必须进行高电压禁用操作。

(7) 维修完毕后上电前，应确保车辆无人操作。

(8) 更换高压部件后，要测量搭铁是否良好。

(9) 电缆接口必须按照标准力矩拧紧。

(10) 在维修车辆期间，必须同时有两名持有上岗证的人员进行工作，其中一名人员作为工作的监护人，工作职责为监督维修的全过程，当发生触电事故时，监护人应该立即采取有效措施进行急救。

📝 任务计划

在进行本任务之前，需要做好各项准备工作，如表 4-1-2 所示。

表 4-1-2　工作准备计划表

准 备 项 目	要　求
防护装备	常规实训着装
车辆、台架、总成	无
专用工具、设备	无
手工工具	无
辅助材料	无

项目四　高压安全防护

姓名		班级		日期	

任务实施

参观新能源汽车标准维修车间或实训室，小组成员充分讨论，填写表 4-1-3。

表 4-1-3　任务实施表

问题 1：新能源汽车标准维修车间工位布置有哪些要求？	问题 2：新能源汽车维修车间有哪些安全管理制度？

课后提升

以小组为单位查阅资料，了解如何考取特种作业操作许可证，同时结合自身学习特点，制订计划，为适应岗位需求而努力。

评价反馈

小组内成员合理分工，交换资料员、记录员、评分员角色，完成作业任务后，结合个人、小组在课堂中的实际表现进行总结与反思。

项目四　高压安全防护

姓名		班级		日期	

课堂笔记

项目四 高压安全防护

姓名		班级		日期	

任务二 个人安全防护用品

 任务目标

知识与技能目标

✓ 能够准确获取派工单的关键信息，并正确填写派工单。

✓ 能够制订工作方案，并规范使用设备和工具。

✓ 能够描述安全防护措施与注意事项。

✓ 能够总结高电压的安全防护要求。

✓ 能够正确使用安全防护设备。

过程与目标方法

✓ 具备从多途径的信息源中检索专业知识的能力。

✓ 获得分析问题和解决问题的一些基本方法。

✓ 尝试多元化思考解决问题的方法，形成创新意识。

✓ 能充分运用所学的知识解决实训问题，具备较强的应用意识和实践能力。

✓ 可积极主动与小组成员交流、讨论学习成果，取长补短，完成自我提升。

情感、态度和价值观目标

✓ 通过完成认识和正确使用高压防护用品的任务，提升信息收集能力。

✓ 能严格遵守岗位操作规程，确保工具、设备和自身的安全。

✓ 具备良好的职业道德，尊重他人劳动，不窃取他人成果。

✓ 养成定期反思与总结的习惯，改进不足，精益求精。

✓ 具有良好的团队协作精神和较强的组织沟通能力。

✓ 通过认识未正确使用高压防护设备的危害，树立安全第一的意识。

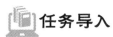 项目四 高压安全防护

姓名		班级		日期	

任务导入

王师傅在对新能源汽车进行维修时，不慎被高压电击中，事故原因是没有做绝缘防护和断电保护。由于新能源汽车使用了高压蓄电池，因此维修技师在对新能源汽车进行维修时特别要注意高压电的危害。作为一名未来的新能源汽车维修人员，在维修车辆之前，一定要做好个人安全防护措施。你知道应该如何做吗？

安全防护用品

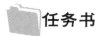 任务书

_____是一名新能源汽车维修学员。新能源汽车维修工班_____组接到了学习高压安全防护用品的任务，班长根据作业任务对班组人员进行了合理分工，同时强调了高压安全防护用品的重要性。_____接到任务后，按照操作注意事项和操作要点进行个人安全防护用品的学习。

任务分组

班级		组号		指导老师	
组长		学号			
组员	姓名： 学号： 姓名： 学号： 姓名： 学号： 姓名： 学号：			姓名： 学号： 姓名： 学号： 姓名： 学号： 姓名： 学号：	
任 务 分 工					

资料搜集

查阅资料，搜集常见的个人安全防护用品，并补充完成表 4-2-1。

项目四　高压安全防护

表 4-2-1　个人安全防护用品

序号	个人安全防护用品
1	
2	
3	
4	
5	

 获取信息

一、绝缘手套

绝缘手套又称高压绝缘手套，它是在进行高压部件维修作业时，必须佩戴的安全用具，绝缘手套实物图如图 4-2-1 所示。它一般由天然或合成橡胶制成，可以防止维修人员因手部直接接触带电体而遭到电击，起到对手部进行绝缘防护的作用。

图 4-2-1　绝缘手套

用于高压车辆维修的绝缘手套通常有两种独立的性能。首先，绝缘手套具有良好的绝缘性能，在进行任何有关高压组件或线路的操作时，需要使用橡胶制成的电工绝缘手套，并能够承受 1000 V 以上的工作电压，以确保操作人员的安全；其次，绝缘手套具备抗碱性，当工作中接触来自高压动力电池组的钾氢氧化物等化学物质时，可以防止这些物质对人的伤害。

在进行新能源汽车维修作业时，我们需要根据被测设备的最大电压值来选择合适的绝缘手套，根据《带电作业用绝缘手套》(GB/T 17622—2008)的规定，绝缘手套按照电气性能可分为 5 个级别，即 0 级、1 级、2 级、3 级和 4 级，如表 4-2-2 所示。

项目四　高压安全防护

表 4-2-2　绝缘手套级别、电压对照表

级　别	交流电压/V)
0	380
1	3000
2	10 000
3	20 000
4	35 000

在使用绝缘手套时，要遵循"三检查、七注意"的原则，如表 4-2-3 所示。

表 4-2-3　绝缘手套注意事项

"三检查"	(1) 检查绝缘手套的参数标识、合格证是否完好
	(2) 检查绝缘手套的外观，确保其有足够的长度，且表面无老化、破洞、裂痕等损伤
	(3) 检查绝缘手套的气密性，具体方法为：将手套朝手指方向卷起，当卷到一定程度时，手指若鼓起，说明手套不漏气，即其气密性良好，如存在漏气，则禁止使用
"七注意"	(1) 使用绝缘手套时，将外衣袖口放入手套的伸长部分里
	(2) 使用绝缘手套时，不能触碰表面尖利或带刺的物品，以免绝缘手套受损
	(3) 使用绝缘手套后，应将其里外擦洗干净，待充分晾干后涂抹滑石粉，并放置平整，禁止乱放
	(4) 不能使绝缘手套与油脂、溶剂接触，避免绝缘手套受酸性、油性等化学物质的影响
	(5) 不得将合格与不合格的绝缘手套混放在一起，以免使用时造成混乱
	(6) 要避免露天存放绝缘手套，避免其受阳光直射，应使其远离热源，储存在干燥通风的地方
	(7) 使用绝缘手套 6 个月后，必须对其进行性能测试，不合格的绝缘手套要停止使用

知识拓展

➤　通过查看绝缘手套的参数标识，我们可以获得绝缘手套的试验电压、最大使用电压等信息。

项目四　高压安全防护

二、安全帽

安全帽可以用来保护头部或减缓外来物体的冲击，将冲击力传递并分散到整个帽壳上，帽壳和帽衬之间留有一定空间，可缓冲、分散瞬时冲击力，从而避免或减轻对头部的直接伤害。

安全帽按性能的不同，可分为普通型和特殊型两大类。普通型安全帽用于一般作业场所，具备基本防护性能；特殊型安全帽除具备基本防护性能外，还具备一项或多项特殊防护性能，如电绝缘性、冲击吸收性、耐穿刺性、阻燃性、耐高温性、耐低温性、侧向刚性、防静电性等。

在维修新能源汽车高电压系统时，维修人员要佩戴具有电绝缘性的特殊型安全帽。具有电绝缘性的特殊型安全帽，按耐受电压的大小可分为 G 级和 E 级两种。G 级的电绝缘测试电压为 2200 V，E 级的电绝缘测试电压为 20 kV，维修人员可根据维修情况选择合适的安全帽。

知识拓展

➤　安全帽应包含永久标识和生产商提供的信息，永久标识位于安全帽内侧，并在安全帽的整个生命周期要一直清晰可辨。

在使用安全帽时，要遵循"七注意"原则，如表 4-2-4 所示。

表 4-2-4　安全帽注意事项

"七注意"	(1) 佩戴安全帽前，应检查有无裂缝、变形等，确保其完好无损，符合国家有关技术规定
	(2) 佩戴安全帽前，应根据自己的头型将帽箍调至合适的位置
	(3) 不要把安全帽戴歪，也不要将帽舌戴在后方，以免降低安全帽的防护作用
	(4) 不能在安全帽上随意拆卸或添加配件，否则会影响安全帽的防护性能
	(5) 若安全帽有问题，则应及时更换。任何受过重击的安全帽，无论有无损坏，都应更换
	(6) 安全帽不能在酸性、碱性或受化学试剂污染的环境中存放，不能放置在高温、日晒或潮湿的场所，以免其老化变质
	(7) 注意安全帽的使用期限，避免将超过使用期限的安全帽与使用期限内的安全帽混放在一起

项目四　高压安全防护

三、绝缘鞋

绝缘鞋的作用是使人体与地面绝缘，防止电流通过人体与大地之间构成通路，对人体造成电击伤害，使触电时的危险降低到最低程度。因为触电时电流是经接触点通过人体流入地面的，所以电气作业时不仅要戴绝缘手套，还要穿绝缘鞋，绝缘鞋实物照片如图 4-2-2 所示。

图 4-2-2　绝缘鞋

根据《足部防护　安全鞋》(GB 21148—2020)的规定，绝缘鞋不仅要具备电绝缘性，还应有良好的隔热性、防寒性、抗刺穿性、透气性、耐磨性、防漏性和防滑性等。从而可以保护穿着者免受意外事故引起的伤害，具有保护特征。

知识拓展

➤　绝缘鞋的帮面或鞋底上应有标准号、电绝缘字样、闪电标记和耐压数值等。
➤　绝缘鞋上还需要有铭牌，铭牌上应标明制造厂商、产品名称、生产日期、绝缘性能、出厂检验合格印章等。

在使用绝缘鞋时，要遵循"七注意"原则，如表 4-2-5 所示。

表 4-2-5　绝缘鞋注意事项

"七注意"	(1) 检查绝缘鞋试验合格证是否完好
	(2) 不能用普通胶鞋代替安全鞋，安全鞋也不能当作普通鞋使用
	(3) 使用绝缘鞋前，应先检查鞋面有无划痕、鞋底有无断裂、鞋面是否干燥
	(4) 绝缘鞋不能与酸性、碱性及尖锐物质等接触，以防腐蚀、变形等
	(5) 禁止将合格与不合格的绝缘鞋混放在一起，以免使用时混淆
	(6) 应将绝缘鞋存放在干燥、阴凉的专用柜内
	(7) 使用绝缘鞋 6 个月后，要对其进行性能测试，不合格的绝缘鞋要停止使用

项目四　高压安全防护

四、护目镜

护目镜的作用是防护眼睛免受紫外线、红外线和微波等电磁波的辐射，防止粉尘、烟尘、沙石碎屑以及化学溶液等进入眼睛。在新能源汽车的维修作业中，要佩戴护目镜，以防止高压部件产生的电火花对眼睛造成伤害。护目镜实物照片如图4-2-3所示。

图 4-2-3　护目镜

在使用护目镜时，要遵循"七注意"原则，如表4-2-6所示。

表 4-2-6　护目镜注意事项

"七注意"	(1) 要选用经产品检验机构检验合格的护目镜
	(2) 使用护目镜前，需要对其进行外观检查，看镜片和镜框有无裂痕、磨损等
	(3) 防止重摔或重压护目镜，防止坚硬的物体摩擦镜片
	(4) 若需要短暂放置护目镜，要注意将镜片的凸面朝上放置，以防镜面刮花
	(5) 若长时间不用护目镜，要将其存放在专用眼镜盒内，避免其与带有腐蚀性的物品接触
	(6) 护目镜要分开保管、专人使用，避免与他人混用，以防传染眼病
	(7) 若护目镜的镜片有异物，则要先用水或低浓度的中性洗涤剂清洗，用纸巾将水分吸干，再用眼镜布擦干

项目四 高压安全防护

五、非化纤工作服

化纤类的工作服容易产生静电，并且当发生火灾事故时，化纤会在高温环境下粘连人体皮肤，导致维护人员受到严重的二次伤害。因此，在维修高电压系统时，必须穿非化纤类的工作服。

知识拓展

> ➢ 非化纤工作服应有耐久性标签，标签内容包含产品名称、商标、型号规格、生产厂名称、洗涤方法、织物类型等。
> ➢ 非化纤工作服应附有产品使用说明及有关国家标准或行业标准规定应具备的标记或标志。
> ➢ 非化纤工作服应附有合格证。

在使用非化纤工作服时，要遵循"五注意"的原则，如表 4-2-7 所示。

表 4-2-7 非化纤工作服注意事项

"五注意"	(1) 不得使用金属附件，若必须使用，则其表面应加掩襟，金属附件不得直接外露
	(2) 穿戴非化纤工作服时，禁止佩戴任何外露物件
	(3) 穿戴非化纤工作服后，要检查其有无破损
	(4) 穿戴非化纤工作服后，要及时清理干净，防止使其长时间黏附污染物
	(5) 非化纤工作服的存放环境要保持洁净，避免异物、尘埃污染非化纤工作服

📋 任务计划

一、认识高压防护用具

(1) 认识高压防护用具。
(2) 掌握高压防护用具的作用。

项目四　高压安全防护

图　　示	名　　称	作　　用

二、使用高压防护用具

(1) 检查高压防护用具。

(2) 正确使用高压防护用具。

项目四　高压安全防护

 任务决策

　　各小组选派代表阐述任务计划，小组间相互讨论，提出不同的看法，教师总结点评，完善方案。

 任务实施

　　在教师的指导下完成分组，小组成员合理分工，完成正确认识和使用高压防护用具的任务。

"认识和使用高压防护用具"任务实施表

班级		姓名	
小组成员		组长	
操作员		监护员	
记录员		评分员	

任务实施流程

序号	作业内容	作业具体内容	结果记录
1	作业准备	检查场地周围环境对设备的影响	□是　□否
		检查着装及配饰	□是　□否
2	外观检查	检查绝缘手套外观、气密性	□是　□否
		检查安全帽有无破损	□是　□否
		检查绝缘鞋是否变形	□是　□否
		检查护目镜是否破损	□是　□否
		检查非化纤工作服有无破损	□是　□否
3	使用防护工具	穿好非化纤工作服	□是　□否
		穿好绝缘鞋，系好鞋带	□是　□否
		佩戴护目镜	□是　□否
		正确佩戴安全帽	□是　□否
		佩戴绝缘手套	□是　□否
4	作业场地恢复	清洁、整理场地	□是　□否

项目四　高压安全防护

质量检查

一、小组自检

各小组根据任务实施的记录结果，对本小组的作业内容进行再次确认。

序号	检 查 项 目	检查结果
1	作业前规范做好场地准备	□是　□否
2	正确检查高压防护用品	□是　□否
3	正确使用高压防护用品	□是　□否
4	按照 8S 管理规范恢复仪器和场地	□是　□否

二、教师检查

教师根据各小组作业完成情况进行质量检查，选择优秀小组成员进行作业情况汇报，针对作业过程中出现的问题提出改进措施与建议。

作业问题及改进措施：

_____

_____

_____

_____

_____

课后提升

以小组为单位查阅资料，了解由于没有正确佩戴高压防护用品造成的事故，总结避免事故发生应注意的事项，提高自身安全意识。

评价反馈

小组内合理分工，交换操作员、监护员、记录员、评分员角色，完成作业任务后，结合个人、小组在课堂中的实际表现进行总结与反思。

项目四　高压安全防护

1. 请小组成员对完成本次工作任务的情况进行评分。

_____

_____

_____

_____

2. 小组作业中是否存在问题？如果有问题，如何成功解决问题？

_____

_____

_____

_____

3. 请对个人在本次工作任务中的表现进行总结和反思。

_____

_____

_____

_____

认识"高压故障电流带来的危害"作业评分表

序号	作业内容	评 分 要 点	配分	得分	判罚依据
1	作业准备 (4分)	□未着工装，扣2分	2		
		□佩戴金属配饰，扣2分	2		
2	检查人体模拟触电仪 (6分)	□未检查外观，扣2分	2		
		□未检查电量，扣2分	2		
		□未检查开关，扣2分	2		
3	人体模拟触电 (14分)	□未按正确流程打开模拟触电仪，扣2分	2		
		□未按要求选择电流及电压的强度，扣4分	4		
		□未将双手同时放置于触摸区域，扣2分	2		
		□未准确说出体验的感受，扣4分	4		
		□未将人体模拟触电仪复位，扣2分	2		

项目四 高压安全防护

续表

序号	作业内容	评 分 要 点	配分	得分	判罚依据
4	作业场地恢复 (6分)	□未关闭仪器电源，扣1分	1		
		□未将人体模拟触电仪切换至关闭状态，扣3分	3		
		□未清洁、整理场地，扣2分	2		
5	安全事故	□损伤、损毁设备或造成人身伤害，视情节扣5～10分，特别严重的安全事故不得分			
合　计			30		

 课堂笔记

项目四　高压安全防护

姓名		班级		日期	

任务三　高压危害与触电急救操作

任务目标

知识与技能目标

✓ 能够准确获取派工单的关键信息，并正确填写派工单。

✓ 能够制订工作方案，并规范使用设备和工具。

✓ 能够阐述安全电压与安全电流的含义。

✓ 能够总结高压电流对人体造成的危害。

✓ 能够描述不同大小的电流给人体造成的伤害程度。

✓ 能够通过体验人体模拟触电体验仪，描述高压电流对人体造成的危害程度。

✓ 能够以小组合作的形式判断事故其所属的触电种类及方式。

✓ 能够描述触电后的急救基本理论与方法。

✓ 能够正确、及时地执行触电事故的处理与急救。

过程与目标方法

✓ 具备从多途径的信息源中检索专业知识的能力。

✓ 获得分析问题和解决问题的一些基本方法。

✓ 尝试多元化思考解决问题的方法，形成创新意识。

✓ 能充分运用所学的知识解决实际问题，具备较强的应用意识和实践能力。

✓ 可积极主动与小组成员交流、讨论学习成果，取长补短，完成自我提升。

情感、态度和价值观目标

✓ 通过体验人体模拟触电体验仪描述电流对人体造成的危害，提升学生的语言组织及表达能力。

✓ 能严格遵守岗位操作规程，确保工具、设备和自身的安全。

✓ 具备良好的职业道德，尊重他人劳动，不窃取他人成果。

✓ 养成定期反思与总结的习惯，改进不足，精益求精。

✓ 具有良好的团队协作精神和较强的组织沟通能力。

✓ 通过认识触电事故的危害，树立安全第一的意识。

项目四　高压安全防护

姓名		班级		日期	

 任务导入

高压危害

　　王师傅在对新能源汽车进行维修时不慎被高压电击中，事故原因是没有做绝缘防护和断电保护。由于新能源汽车使用了高压蓄电池，因此维修技师在对新能源汽车进行维修时特别要注意高压电的危害。作为一名未来的新能源汽车维修人员，通过体验安全模拟设备的触电感受，在真正发生危险或者身处危险当中时，就能尽早发现，从而尽快脱离危险，减少人身伤害，大大降低安全事故的概率，提高自我保护意识和安全第一意识。当出现触电事故时，要能够正确、及时地进行处理与急救。

触电急救

 任务书

　　＿＿＿＿＿＿＿＿＿是一名新能源汽车维修学员。新能源汽车维修工班＿＿＿＿＿＿组接到了学习高压危害与触电急救的任务，班长根据作业任务对班组人员进行了合理分工，同时强调了认识高压危害与触电急救的重要性。＿＿＿＿＿＿＿＿接到任务后，按照操作注意事项和操作要点进行体验高压危害与触电急救的学习。

 任务分组

班级		组号		指导老师	
组长		学号			
组员	姓名：　　　　学号： 姓名：　　　　学号： 姓名：　　　　学号： 姓名：　　　　学号：			姓名：　　　　学号： 姓名：　　　　学号： 姓名：　　　　学号： 姓名：　　　　学号：	
任务分工					

项目四　高压安全防护

姓名		班级		日期	

获取信息

一、电压等级与安全电压

电压等级(Voltage Class)是电力系统及电力设备的额定电压级别系列。额定电压是电力系统及电力设备规定的正常电压,即与电力系统及电力设备某些运行特性有关的标称电压。电力系统各点的实际运行电压允许在一定程度上偏离其额定电压,在这一允许偏离范围内,各种电力设备及电力系统本身仍然能正常运行。

目前,我国将电压等级划分为以下几种:

(1) 不危及人身安全的电压称为人体安全电压,通常为 36 V 以下。我国规定安全电压为 42 V、36 V、24 V、12 V 和 6 V。

(2) 低压指对地电压为 1000 V 及以下。交流系统中的 220 V 三相四线制的 380 V/220 V 中性点接地系统均属低压。

(3) 高压指 1000 V 以上的电力输变电电压或 380 V 以上的配用电电压。

(4) 超高压为 330～750 kV。

(5) 特高压为 1000 kV 交流、±800 kV 直流以上。

进行危险电压组件方面的工作时,必须遵守安全规定。国际标准给出了强制性安全规定,危险电压是 25 V 以上的_____和 60 V 以上的_____。新能源汽车的电压一般为 300～650 V,虽然按照国家标准进行划分时其应该属于低压范围,但是为了和传统内燃机车辆 12 V 电源进行区别,通常称其为_____。

二、电流与人体安全电流

通常当人体接触到高电压时,就有可能会发生触电事故。人体的触电并不是指人体接触到了很高的电压,而是因为过高的电压在通过人体这个电阻后,会在人体中形成电流,从而导致人体触电,因此伤害人体的不是_____,而是_____。

1. 电流的分类

电流可以分为_____和_____。

(1) 直流电流:大小和方向都不随时间变化的电流称为直流电流(DC),用 I 表示,如图 4-3-1 所示。

直流电流一般被广泛应用于手电筒(干电池)、手机(锂电池)等各类生活小电器。干电池(1.5 V)、锂电池、蓄电池等均被称为直流电源。因为这些电源的电压都不会超过 24 V,所以属于_____。

(2) 交流电流:大小和方向都随时间变化的电流称为交流电流(AC),用 i 表示,如图

项目四　高压安全防护

姓名		班级		日期	

4-3-2 所示。

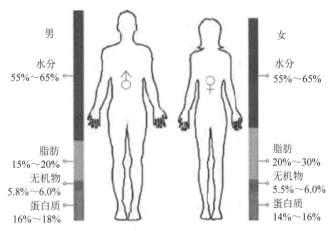

图 4-3-1　直流电流　　　　　　　　　图 4-3-2　交流电流

交流电流广泛应用于电力传输的零线、相线等，生活居民用电电压为 220 V、通用工业电压为 380 V，都属于＿＿＿＿＿＿＿＿。交流电流有频率，由于其符合正弦函数的数学特点，因此通常使用一个正弦波来表示一个循环，一个循环就是形成完整波形的过程。使用频率来计量交流电流每秒的循环次数，其单位为赫兹(Hz)。通常电网接入供电交流电流频率为50 Hz 或 60 Hz，电压为 110 V 和 220 V。交流电流在中国以 220 V 和 50 Hz 接入送电。

2. 人体安全电流

为了保证电气线路的安全运行，所有电路的导线和电缆的截面都必须满足发热条件，即在任何环境温度下，当导线和电缆连续通过最大负载电流时，其线路温度都不大于最高允许温度(通常为 70℃左右)，这时的负载电流称为＿＿＿＿＿＿＿＿。导线和电缆的安全电流是由它们的种类、规格、环境温度和敷设方式等决定的。

由于人个体的差异性，人体的电阻也会存在差异，如图 4-3-3 所示。

图 4-3-3　人体的差异性

例如，男、女、胖、瘦，其电阻值都不会一样；另一方面，人所处的工作环境干度和湿度的变化，也会导致人体的电阻值发生变化，当电流通过人体时，电流通过的时间有长有短，因而有着不同的后果。这种后果和通过人体电流的大小有关系，但是要准确说出通过人体的电流有多少才能发生生命危险是困难的。一般人体通过电流后，人体对电流的反

项目四 高压安全防护

姓名		班级		日期	

应情况如下：

当人体通过 0.6～1.5 mA 的电流时，手指开始感觉发麻，无感觉；当人体通过 2～3 mA 的电流时，手指感受到强烈发麻，无感觉；当人体通过 5～7 mA 的电流时，手指肌肉感觉痉挛，手指感觉灼热和刺痛；当人体通过 8～10 mA 的电流时，手指关节与手掌感觉痛，手已难以脱离电源，但尚能摆脱电源，灼热感增加；当人体通过 20～25 mA 的电流时，手指感觉剧痛，迅速麻痹，不能摆脱电源，呼吸困难，灼热感更增，手的肌肉开始痉挛；当人体通过 50～80 mA 的电流时，呼吸麻痹，心房开始震颤，强烈灼痛，手的肌肉痉挛，呼吸困难；当人体通过 90～100 mA 的电流时，呼吸麻痹，持续 3 s 后或更长时间后，心脏停搏或心房停止跳动。

由以上可以看出，当人体通过 0.6 mA 的电流时会引起人体麻刺的感觉，通常成年男性能感觉到最小电流为 1.1 mA，成年女性为 0.7 mA；人体能自主摆脱电源最大电流，成年男性在 9～16 mA，成年女性在 6～10.5 mA；人体较短时间内通过大于 50 mA 的电流就会有生命危险；通过 100 mA 以上的电流，就能引起心脏停搏、心房停止跳动，直至死亡。

温馨提示

> ➤ 呼吸停止和心室颤动时人体的供血和供氧中断，这会带来生命危险。在这种情况下必须立即采取急救措施。

三、电流对人体的伤害

1. 触电机理

人体是导体，人体产生触电的前提是人体与所触电源之间形成了回路，有电流流经人体后才导致触电。

不同等级的电流对人体的伤害不同，身体导电的主要原因是血液含有电解液成分，电解成分导致了人体的导电性。人体内电流经过不同路径的电阻值如图 4-3-4 所示。

对于大多数人，整个身体的总电阻值是很低的，特别是有主动脉的地方，而最大的危险是发生在电流通过_____。

人体电阻值约为 1～1.5 kΩ，但是电阻值在有些情况下也可能降为零，如当皮肤潮湿或者破损时，电阻值会明显下降。

例如，当 360 V 的直流电压流经人体时，如图 4-3-5 所示，根据欧姆定律可粗略计算出通过人体的电流。

项目四　高压安全防护

姓名		班级		日期	

人体电流 = _____

可以发现，电流在心脏的滞留时间达到 10～15 ms 就会使人致命。

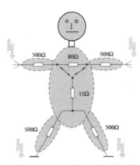

图 4-3-4　人体内电流经过不同路径的电阻值

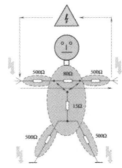

图 4-3-5　360V 的直流电压流经人体

知识拓展

> ➤ 人体电阻的大小取决于衣服、皮肤湿度、电流流经人体内路径的长度和类型等因素。有电流流过身体部位处的衣服越厚、越干，电阻值越大。如果皮肤上有水或雪，那么身体的电阻值会降低。如果身体内电流经过的路径较短，那么电阻值比电流流过较长路径时小。表 4-3-1 所示为人体电阻值的近似值，这些数值可能受上述因素影响。

❌ **想一想:**

电流强度仅取决于施加在身体上的电压和电阻：$I = \dfrac{U}{R}$。请算一算 360 V 电压下的电流值是多少，并将结果填于表 4-3-1 中。

表 4-3-1　人体电阻值

测试途径	阻值/Ω	360V 电压下的电流
手-手	1000	
手-脚	750	
双手-脚	500	
手-胸	450	
双手-胸	230	
双手-脚底	300	

项目四　高压安全防护

姓名		班级		日期	

2. 触电的表现

触电的两种表现形式：_____和_____。

1) 电击

电击是指电流通过人体，破坏人的心脏、神经系统的正常功能。通常触电产生最多的伤害是电击事故。发生电击必须满足两个条件：有一个_____，电流才通过身体；一个_____。

电击的主要类型包括以下两种：

(1) 电击效应。电流低于导通极限值时，会有相应的电击效应，从而容易因肢体不受控制和失去平衡而导致受伤，如图4-3-6所示。

(2) 肌肉刺激效应。所有的身体功能和人体肌肉运动都是由大脑通过神经系统的电刺激来控制的。如果通过人体的电流过高，则大脑无法控制肌肉组织。如握紧的拳头无法打开或者移动。如果有电流流过胸腔，则会使心脏的跳动中断。

2) 电伤

电伤是指电流的热效应、化学效应等对人体的伤害，主要指电弧烧伤，如图4-3-7所示。

图4-3-6　电击效应伤害

图4-3-7　电伤

(1) 热效应。电流流经人体肌肤会发生烧伤和焦化，也会发生内部烧伤，造成致命的伤害，如图4-3-8所示。

(2) 发生静态短路的热效应。由于电缆短路引起的火花使金属很快熔化，产生飞溅的金属颗粒温度超过5000℃，可能会引起火灾和人体烧伤，如图4-3-9所示。

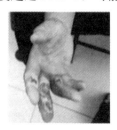
图4-3-8　类似电击产生的热效应形式

图4-3-9　电缆短路引起的火花

项目四　高压安全防护

姓名		班级		日期	

(3) 化学效应。电流会将血液和细胞液作为电解液电解，伤害极大，如图 4-3-10 所示。

(4) 光辐射效应。带电的高压在电路接通和断开时会产生弧光，弧光的光辐射可能造成操作人员出现电光性眼炎，如图 4-3-11 所示。

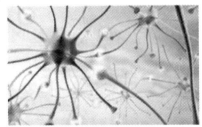

图 4-3-10　细胞液电解

图 4-3-11　电焊时产生的弧光

温馨提示

在维修车间内面对电弧工作时，应注意以下事项：
- ➤ 通过指定的装备(如高电压安全插头)关闭电源。
- ➤ 远离电弧，不要直视电弧。
- ➤ 如果必须靠近电弧，则必须按焊接工作规定使用防护装备。

3. 触电的方式

按照人体触及带电体的方式和电流流过人体的途径，电击可分为＿＿＿＿和＿＿＿＿。

1) 单相触电

单相触电是指在地面上或其他接地导体上，人体的某一部位触及一带电体而发生的触电事故，如图 4-3-12 所示。对于高电压来说，人体虽然没有触及，但因超过了安全距离，高电压对人体产生电弧放电，也属于单相触电。

图 4-3-12　单相触电

姓名		班级		日期	

项目四　高压安全防护

2) 两相触电

人体的不同部位分别接触到同一电源的两根不同相位的相线，电流从一根相线经人体流到另一根相线的触电现象，如图 4-3-13 所示。

相线
零线

图 4-3-13　两相触电

3) 跨步电压触电

当电网或电气设备发生接地故障时，流入地中的电流在土壤中形成电位，地表面也形成以接地点为圆心的径向电位差。当人在距离高压导线落地点 10 m 内行走时，电流会沿着人的下身，从一只脚到腿到胯部又到另一只脚与大地形成通路，当前后两脚间(一般按 0.8 m 计算)的电位差达到危险电压造成触电时，称为跨步电压触电，如图 4-3-14 所示。人距离接地点越近，跨步电压越高，危险性越大。一般当距接地点大于 20 m 时，可以认为地电位为零。

图 4-3-14　跨步电压触电

项目四　高压安全防护

姓名		班级		日期	

4．模拟触电仪

模拟触电仪是一款安全体验设备，可以模拟触电的情况。通过模拟触电仪能够真实地体验到触电瞬间的感觉，从而避免人员意外触电，并且可达到加强人员安全意识培养的目的，如图 4-3-15 所示。

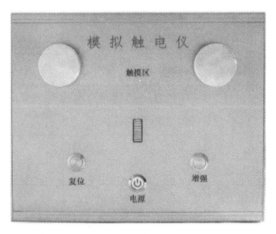

图 4-3-15　模拟触电仪

模拟触电仪的具体操作流程如下：

(1) 将系统模式从关闭状态开启至接通状态。

(2) 接通电源使系统开始供电，电源指示灯亮。

(3) 按照任务要求选择需要体验的电压强度和电流强度。

(4) 双手放置于触摸区域，感受电流通过人体瞬间的感觉。

(5) 体验完成后单击复位按钮，使设备处于待机状态，准备下次体验；关闭电源，将系统模式从开启状态切换至关闭状态，准备下次使用。

四、触电急救

在援救触电事故中的受伤人员时，抢救者必须保持冷静，将自身的安全放在第一位。绝对不能直接触碰仍然与电压有接触的人员，如果可能，应马上将电气系统断电，或用不导电的物体(木板、扫帚把等)把事故受害者或者导电体与电压分离。

发生触电事故时，首先，将触电者与高压电源分开，同时拨打急救电话；接下来，判断触电者是否有意识；若触电者有意识且有外伤，则需对其伤口进行处理，同时等待专业医疗救援；若触电者已无意识，则需判断触电者是否有呼吸及心跳，若患者已无心跳及呼吸，则需要立即进行心肺复苏；若患者仍有心跳及呼吸，则需保持触电者平躺、使其呼吸顺畅，等待专业医疗救援。

项目四　高压安全防护

姓名		班级		日期	

1. 脱离电源

发生触电事故后，触电者可能无法自行脱离电源。对触电者进行急救的第一步就是帮助其尽快脱离电源，这是触电急救中极其重要的一环。常见脱离电源的方法如表 4-3-2 所示。

表 4-3-2　脱离电源的方法

电源类型	脱离电源的方法	图　示
高压电源	立即通知相关部门拉闸断电	
	戴上绝缘手套，穿上绝缘鞋，用相应电压等级的绝缘工具按顺序关闭电源开关或熔断器	
	抛掷裸线，使线路短路或接地，迫使保护装置动作，切断电源	
低压电源	若发现电源开关、电闸等在触电现场附近，则可立即拉下电源开关	
	若一时找不到电源开关和电闸或距触电现场太远，则可用带有绝缘手柄的斧头或钳子切断带电导线	
	若带电导线搭落在触电者身上或被其压在身下，则可用干燥的木棒或竹竿挑开带电导线，使带电导线与触电者的身体分离	
	若周围没有合适的切、挑工具，则可戴绝缘手套或用干燥的衣服将手完全包裹，穿上绝缘鞋或站在干燥木板上，拖拽触电者的衣服	
	若触电者因痉挛或失去知觉而紧握带电导线，或被带电导线缠绕在身上，抢救者可将干燥木板等绝缘物体垫在触电者身下，使其与地面隔离，然后再采取其他办法切断电源	

姓名		班级		日期	

2. 判断触电者有无意识

抢救者可通过轻拍触电者的双肩，并大声呼唤，若触电者无反应，则说明其已丧失意识。注意轻拍重喊，切勿摇头、拍脸或随意晃动触电者的身体。若确定触电者已丧失意识，则应让其仰卧在硬质地面或木板上。若触电者不在仰卧位，则要将其翻转过来，翻转时要注意保护触电者的脊柱，特别是颈部。

3. 判断呼吸及心跳

摆放好触电者的体位后，还要判断触电者有无呼吸。判断触电者有无呼吸的方法如表4-3-3所示。

表 4-3-3　判断触电者有无呼吸的方法

看	抢救者贴近触电者的头部，沿其胸廓切线方向观察其胸廓的起伏情况
听	抢救者在触电者的口鼻处听有无呼吸声
感觉	抢救者用面部靠近触电者的口鼻，感觉有无气体呼出

判断触电者有无心跳的方法是：将一只手置于触电者的前额使其头部后仰，用另一只手的食指和中指轻轻触摸其颈动脉，判断脉搏有无跳动，或者将耳朵贴近触电者的心脏处，判断有无心跳的声音。在判断心跳的过程中，检查时间一般不超过 10 s，注意力度要适中，不能同时触摸两侧颈动脉，以防止触电者的头部供血中断，同时还要避免压迫触电者的气管，造成其呼吸道阻塞。

4. 现场急救

当触电者脱离电源后，应根据触电者的具体情况迅速对症救护，力争在其触电后 1 min 内进行救治。一般情况下，人体触电后在 1min 内开始救治的，有 90% 以上的可能救活，一旦超过 12 min 再开始救治的，基本无救活的可能。因此，在发生触电事故后，应立即就地用正确的方法对触电者进行救治，同时应及早与医疗部门联系。现场急救的方法主要包括人工呼吸和心肺复苏。需要根据触电者的症状，给予合适的救治方法，具体的对症处理措施见表4-3-4。

项目四　高压安全防护

姓名		班级		日期	

表 4-3-4　对症处理措施

症　状	具体的对症处理措施
神志尚清醒，但心慌力乏，四肢麻木	该类人员一般只需将其扶到清凉通风之处休息，让其自然慢慢恢复，但要派专人照料护理，因为有的病人在几小时后会发生病变而突然死亡
有心跳，但呼吸停止或极微弱	该类人员应采用口对口人工呼吸法进行急救
有呼吸，但心跳停止或极微弱	该类人员应采用人工胸外心脏按压法来恢复病人的心跳
心跳、呼吸均已停止者	该类人员的危险性最大，抢救的难度也最大，应交替使用胸外按压法和人工呼吸法，最好是两人一起进行抢救

1) 人工呼吸

人工呼吸法是一种为触电者提供氧气的快速、有效的急救方法，是用人工的方法来代替肺的呼吸活动，使空气有节律地进入和排出肺脏，供给体内足够的氧气，充分排出二氧化碳，维持正常的通气功能。包括口对口人工呼吸法、口对鼻人工呼吸法。其中最常用的是口对口人工呼吸法，具体步骤如下：

抢救者应先向触电者口中吹两口气，以扩张其已萎缩的肺，利于气体交换；然后使其头部后仰，在颈部用枕头或衣物垫起；用按于触电者前额之手的拇指与食指捏紧其鼻翼，深吸一口气并用双唇包住触电者的口部，快而深地向其口内吹气，并观察其胸廓有无上抬下陷活动；一次吹气完成后，脱离触电者之口，同时松开紧捏鼻翼的手，慢慢抬头再吸一口气，准备下一次口对口人工呼吸，如图 4-3-16 所示。

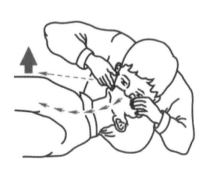

图 4-3-16　口对口人工呼吸法

项目四　高压安全防护

姓名		班级		日期	

2) 心肺复苏

使用胸外心脏按压法进行心肺复苏是指有节律地对心脏按压，用人工的方法代替心脏的自然收缩，使心脏恢复搏动功能，维持血液循环。胸外心脏按压法的具体做法如下：

(1) 先确保触电者仰卧于硬质地面或木板上，使其头、颈、躯干平直无扭曲，再解开其衣领和腰带，使其头部后仰气道开放。开放气道时，要让触电者耳垂和下颌角的连线与其仰卧的平面垂直，并迅速将触电者的领带、衣领、拉链等解开，清除其口鼻内的异物。

(2) 抢救者跪于触电者一侧或跨跪在其腰部两侧，将左手掌根放在触电者胸骨交叉点向上两个手指的位置，将右手掌根放在左手手背上，右手手指交错扣住左手，左手手指翘起，如图 4-3-17 所示。

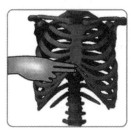

图 4-3-17　胸外心脏按压定位

(3) 身体稍向前倾斜，使触电者的肩膀位于手的正上方，两臂伸直，垂直向下均匀用力按压，使触电者的胸部下陷 5～6 cm，心脏受压排血，然后迅速放松手掌，使血液流回心脏，如图 4-3-18 所示。当放松手掌时，不要让掌根离开定位点。对成人的按压频率应保持在 100～200 次 / min。若抢救者有两人，则每隔 2 min 就进行人员交替，人员交替要在 5 s 内完成。

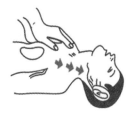

图 4-3-18　胸外心脏按压

项目四 高压安全防护

姓名		班级		日期	

任务计划

一、检查模拟触电仪的基本内容

(1) 确认不同大小的电流带给人体的感受。

(2) 检查模拟触电仪的外观、挡位、电量。

二、制订使用模拟触电仪基本流程

在教师的指导下，查阅相关资料，小组讨论并制订使用模拟触电仪的基本流程。

步　骤	作 业 内 容

温馨提示

➢ 进入实训车间应穿着工作服，不可佩戴手表、钥匙等金属配饰。

➢ 使用设备前，应先检查地点，不允许有爆炸危险的介质，周围介质中不应含有腐蚀金属和破坏绝缘的气体及导电介质。

➢ 模拟触电仪充电时，请勿使用。

➢ 患有严重心脏疾病者、心脏起搏器佩戴者，不建议体验触电活动。

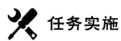项目四　高压安全防护

姓名		班级		日期	

 任务决策

各小组选派代表阐述任务计划，小组间相互讨论，提出不同的看法，教师总结点评，完善方案。

任务实施

在教师的指导下完成分组，小组成员合理分工，完成认识高压故障电流带来的危害的任务。

认识"高压故障电流带来的危害"任务实施表

班级		姓名	
小组成员		组长	
操作员		监护员	
记录员		评分员	

任务实施流程

序号	作业内容	作业具体内容	结果记录
1	作业准备	检查场地周围环境对设备的影响	□是　□否
		检查着装及配饰	□是　□否
2	检查人体模拟触电仪	检查外观	□是　□否
		检查电量	□是　□否
		检查开关	□是　□否
3	人体模拟触电	模拟正确打开触电仪	□是　□否
		根据要求选择电流及电压强度	□是　□否
		双手同时放置在触摸区域	□是　□否
		说出体验感受	□是　□否
		模拟触电仪复位	□是　□否
4	作业场地恢复	关闭仪器电源，将系统模式从开启状态切换至关闭状态	□是　□否
		清洁、整理场地	□是　□否

项目四　高压安全防护

姓名		班级		日期	

质量检查

一、小组自检

各小组根据任务实施的记录结果，对本小组的作业内容进行再次确认。

序号	检查项目	检查结果
1	作业前规范做好场地准备	□是　□否
2	作业前规范检查、准备人体模拟触电仪	□是　□否
3	正确使用人体模拟触电仪	□是　□否
4	说出体验电流各挡位时的感受	□是　□否
5	按照 8S 管理规范恢复仪器和场地	□是　□否

二、教师检查

教师根据各小组作业完成情况进行质量检查，选择优秀小组成员进行作业情况汇报，针对作业过程中出现的问题提出改进措施与建议。

作业问题及改进措施：

_____

_____

_____

_____

_____

课后提升

以小组为单位查阅资料，了解因高压电流造成的事故，分析事故造成的原因，总结避免事故发生应注意的事项，提高自身安全意识。

评价反馈

小组内合理分工，交换操作员、监护员、记录员、评分员角色，完成作业任务后，结合个人、小组在课堂中的实际表现进行总结与反思。

项目四　高压安全防护

姓名		班级		日期	

1. 请小组成员对完成本次工作任务的情况进行评分。

认识"高压故障电流带来的危害"作业评分表

序号	作业内容	评　分　要　点	配分	得分	判罚依据
1	作业准备 (4分)	□未着工装，扣2分	2		
		□佩戴金属配饰，扣2分	2		
2	检查人体模拟触电仪 (6分)	□未检查外观，扣2分	2		
		□未检查电量，扣2分	2		
		□未检查开关，扣2分	2		
3	人体模拟触电(14分)	□未按正确流程打开模拟触电仪，扣2分	2		
		□未按要求选择电流及电压的强度，扣4分	4		
		□未将双手同时放置于触摸区域，扣2分	2		
		□未准确说出体验的感受，扣4分	4		
		□未将人体模拟触电仪复位，扣2分	2		
4	作业场地恢复(6分)	□未关闭仪器电源，扣1分	1		
		□未将人体模拟触电仪切换至关闭状态，扣3分	3		
		□未清洁、整理场地，扣2分	2		
5	安全事故	□损伤、损毁设备或造成人身伤害，视情节扣5～10分，特别严重的安全事故不得分			
合　计			30		

2. 小组作业中是否存在问题？如果有问题，如何成功解决问题？

_____

_____

_____

3. 请对个人在本次工作任务中的表现进行总结和反思。

_____

_____

_____

项目四 高压安全防护

姓名		班级		日期	

课堂笔记

项目五　高压安全检测

姓名		班级		日期	

任务一　高压中止

任务目标

知识与技能目标

- ✓ 能够描述新能源汽车高压部件电压的存在形式。
- ✓ 能够描述高压系统中止与检验的操作步骤与注意事项。
- ✓ 能够正常执行新能源汽车的高压中止与检验操作。

过程与目标方法

- ✓ 具备从多途径的信息源中检索专业知识的能力。
- ✓ 获得分析问题和解决问题的一些基本方法。
- ✓ 尝试多元化思考解决问题的方法，形成创新意识。
- ✓ 能充分运用所学的知识解决实训问题，具备较强的应用意识和实践能力。
- ✓ 可积极主动与小组成员交流、讨论学习成果，取长补短，完成自我提升。

情感、态度和价值观目标

- ✓ 能严格遵守岗位操作规程，确保工具、设备和自身的安全。
- ✓ 具备良好的职业道德，尊重他人劳动，不窃取他人成果。
- ✓ 养成定期反思与总结的习惯，改进不足，精益求精。
- ✓ 具有良好的团队协作精神和较强的组织沟通能力。
- ✓ 通过认识触电事故的危害，树立安全第一的意识。

项目五　高压安全检测

姓名		班级		日期	

任务导入

　　一辆新能源汽车发生故障，需要进行高压系统电路检修，新能源汽车安全规定不允许在带电运行部件上进行工作。因此，开始工作前必须进行高压中止，确保整车零部件无电压，工作期间也必须确保系统无电压。你知道如何安全地执行这些操作吗？

高压中止

任务书

　　_____是一名新能源汽车维修学员。新能源汽车维修工班_____组接到了新能源汽车高压中止的任务，班长根据作业任务对班组人员进行了合理分工，同时强调了认识高压危害的重要性。_____接到任务后，按照操作注意事项和操作要点进行新能源汽车高压中止任务的学习。

任务分组

班级		组号		指导老师	
组长		学号			
组员	姓名：　　　学号： 姓名：　　　学号： 姓名：　　　学号： 姓名：　　　学号：		姓名：　　　学号： 姓名：　　　学号： 姓名：　　　学号： 姓名：　　　学号：		
任 务 分 工					

获取信息

一、新能源汽车高压的存在形式

引导问题 1：新能源汽车高压是一直存在的吗？

由于新能源汽车具有高压，因此在检修前必须首先按照高压操作章程执行系统电压的

项目五 高压安全检测

姓名		班级		日期	

中止操作。中止系统高压之后，可以在一定程度上确保新能源汽车高压系统部件之间不再具有高压，从而保障维修人员的安全。

新能源汽车的高压系统集中在车辆的驱动系统、空调、暖风系统以及充电系统。

维修车辆时，需要根据高压电存在的形式来区别对待，例如，在纯电动汽车的动力电池中会一直存在高压，因此无论什么时候对动力电池进行维修，都需要佩戴个人安全防护设备。但是，当执行了正确的高压中止程序之后，逆变器、高压压缩机等系统就不再具有高压电了，此时对这些部件进行检修可以不用再担心遭受高压击伤了。

根据高压电存在的时间进行分类，新能源汽车高电压系统的高电压主要有持续存在、运行期间存在以及充电期间存在三类，如图 5-1-1 所示。

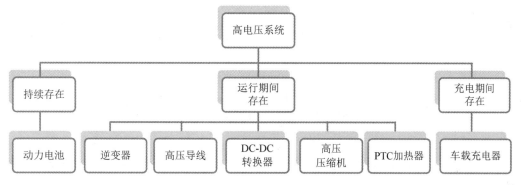

图 5-1-1 新能源汽车高压存在形式

(1) 持续存在形式的高压：新能源汽车的动力电池持续存在高压，即使当车辆停止运行期间，由于动力电池始终存储有电能，因此满足动力电池的放电条件时，将继续对外放电。

(2) 运行期间存在的高压：运行期间存在的高压部件，是指当点火开关处于 ON、RUN或其他运行状态下部件存在的高压。运行期间存在高压的系统或部件有两种类型：一种是只要点火开关处于 ON 或 RUN 状态下就会存在高压，这类部件包括逆变器、DC-DC 转换器以及连接的高压线束。另一种是如果点火开关处于 ON 或 RUN 状态，但是该系统所执行的功能没有被启用，此时相关的部件仍然不会接通高压。纯电动汽车中的高压压缩机和PTC 加热器，在未运行车辆空调或暖风功能时，这些部件不存在高压。

(3) 充电期间存在的高压：充电期间存在高压主要指的是当插电式混合动力汽车和纯电动汽车接入充电线缆后，此类车辆的车载充电机以及连接导线具有高压。需要注意的是，有些车辆的车载充电机和动力电池设计有热管理系统，当车辆在充电期间，由于动力电池可能产生较大的热量，因此车载热管理系统会运行来降低动力电池的温度，此时车辆的压缩机也会在充电期间运行，也存在高压。

姓名		班级		日期	

项目五　高压安全检测

二、新能源汽车高压的接通与关闭控制

在新能源汽车中，除动力电池外，其他部件的高压通断都是由整车控制单元或混合动力控制单元通过接触器来控制的，这与家庭供电类似。动力电池的供电与家庭外部电网相似，无论家里的总闸是否打开，其总是有电的；接触器如同家里总电源的总闸，不同的是家里的总闸是由人来控制的，新能源汽车的接触器是由电脑来控制的。

接触器是一种大功率继电器，用于控制高压导线正负极导线之间的接通与断开，接触器通常布置在动力电池总成内部或是独立的一个配电箱中。比亚迪秦 Pro EV 的动力电池总成内部布置有多个接触器，当接触器断开时，整车只有动力电池上存在高压，位于接触器下游的高压系统部件将不再有高压。

如图 5-1-2 所示，当控制单元通过接触器切断动力电池与高压系统用电部件的连接后，整车除动力电池外，其他高压用电设备上就不再有高压，此时车辆处于安全状态。

图 5-1-2　接触器连接形式

无论是纯电动汽车还是混合动力汽车，控制单元控制接触器的接通与关闭的条件如下。

接触器接通条件：

(1) 点火开关处于 ON 或 RUN 状态。

(2) 高压系统自检没有存在漏电等故障。

接触器断开条件：

(1) 点火开关处于 OFF 状态。

(2) 高压系统检测到安全事故发生；系统自检到安全事故，主要是系统根据自身设定的检验程序，在以下情况下，会因异常情况自动切断高压，避免人员触电，包括：① 高压系统自检到部件的互锁开关断开；② 高压系统自检到部件或高压电缆存在对车辆绝缘电阻过低；③ 车辆发生碰撞，且安全气囊已弹出。

获取信息：查阅车型的维修手册，查找比亚迪秦 Pro EV 高压接通与断开的方法。

引导问题 2：新能源汽车的高电压能像家里的电源总闸一样手动断开吗？

根据多项新能源汽车安全标准的规定，在动力电池上都会设计一个串联的手动维修开关，用于人工切断整个动力电池的回路。当该开关被断开后，整车的高压部件将不再具有高压，同时动力电池的总输出正负端口也不再有高压。图 5-1-3 所示是新能源汽车动力电池的手动维修开关。

项目五　高压安全检测

姓名		班级		日期	

需要注意的是，即使手动开关被断开，动力电池内的电池及其连接电路仍然在串联的位置且具有高压！

手动维修开关能够直接从物理上切断动力电池的高压回路，因此设计有特殊的锁止结构，避免人为意外触发或者行车过程中因为振动等因素断开。图 5-1-4 所示为某车型的手动维修开关断开方法。

图 5-1-3　新能源汽车维修开关

图 5-1-4　某车型手动维修开关的断开方法

需要注意的是，手动维修开关的断开方法通常会标示在开关附近，或者写在车主的用户手册中。

温馨提示

> ➤ 手动维修开关的断开方法一般会标示在开关上面，或者写在车主的用户手册中。

 任务计划

在维修带有高压的新能源汽车前，务必执行高压的中止和检验操作，避免因意外高压触电！

高压系统的中止与检验操作步骤主要分为以下 2 个部分：

高压的中止和高压的检验。

一、高压中止

高压中止主要是通过正确的操作步骤来关闭车辆高压系统。正常情况下，执行高压中止后，车辆除了动力电池外，其他部件应该都不具有高压。

项目五 高压安全检测

姓名		班级		日期	

比亚迪秦 Pro EV 纯电动汽车的高压中止基本步骤如下：

1. 关闭点火开关

操作车辆点火开关使电源模式至 OFF 模式，如图 5-1-5 所示。车辆断电后，维修人员还必须保管好车辆的钥匙和密钥卡，以防止其他人启动车辆。有些配备远程无钥匙启动功能(RKS)系统的汽车厂家要求所有的钥匙或密钥卡在进行车辆维修作业过程中必须与车辆保持距离。如果作业车辆配有远程无钥匙启动系统，则应检查该厂家提供的维修信息，查找关于远程无钥匙启动系统的安全注意事项。

图 5-1-5　电源 OFF 模式

2. 断开辅助电池负极端子

找到 12 V 辅助电池，断开电池的负极，并固定接地线，防止接线移动回电池负极端子。

3. 断开直流母线

直流母线位于前舱内充配电总成后侧。在断开直流母线时，首先确保电池对外无电流输出，并且配套绝缘防护装备。拔下直流母线连接的充配电总成。

注意：当处理橙色高压组件和线路时，应确保戴着绝缘橡胶手套。

4. 等待 5 分钟

拆下维修开关后，必须要等待 5 分钟，使得高压部件中的电容器进行放电，才可以继续对车辆进行高压检修操作。

二、高压检验

高压检验是利用数字万用表，在确认高压中止以后，检验具体维修部件是否不再带有高压，以符合高压检验操作的标准。

使用万用表测量高压部件的连接器的各个高压端子，在执行高压中止以后，每个端子

项目五　高压安全检测

姓名		班级		日期	

对车身的电压应该小于 3 V，且端子正负极之间的电压也应该小于 3 V。

如果任一被测量的电压超过 3 V，则说明系统内部存在高压黏结情况，需要由经过特殊培训的工程师来进行处理。

警示：在检验高压端子期间，必须佩戴好个人安全防护设备。

 任务决策

各小组选派代表阐述任务计划，小组间相互讨论、提出不同的看法，教师总结点评，完善方案。

 任务实施

一、实施要求

本任务的主要操作是正确执行新能源汽车高压系统的中止与检验，包括两项操作内容：

(1) 根据对应车型的维修手册或参考信息，执行车辆高压中止。

(2) 根据对应车型的维修手册或参考信息，执行车辆高压中止检验。

实操前的准备包括两项内容：

(1) 检查个人安全防护设备，确保绝缘手套等防护设备在有效检验期内并可使用。

(2) 检查车辆，确保实训车辆没有高压隐患。

警示：该实操具有一定的高压安全危险，学生务必按照教师的指导操作。

警示：执行该操作时，必须有两名经过对应车型培训且具有高压电工证的教师执行。

二、实施准备

(1) 防护装备：绝缘手套等安全防护装备。

(2) 车辆、台架、总成：比亚迪新能源汽车或其他新能源汽车。

(3) 专用工具、设备：绝缘拆装工具。

(4) 维修手册等。

三、实施步骤

(1) 车辆下电。如果车辆没有出现影响维修人员诊断和维修的特殊事故，则维修人员的检查工作通常会从检查汽车的驱动系统开始。为安全起见，首先查看驱动系统电源是否切断，确认下电后就可以进行维修作业。车辆断电后，维修人员还必须设置警示牌并保管好车辆的钥匙，以防其他人员启动车辆。

项目五　高压安全检测

姓名		班级		日期	

(2) 断开车辆 12 V 蓄电池。在新能源汽车下电之后，维修人员还要根据维修信息的指引断开车辆 12 V 蓄电池的连接线。新能源汽车的 12 V 蓄电池必须按照汽车厂家的维修作业程序进行断开操作。

(3) 等待电容放电。新能源汽车的零部件中安装有高压电容。高压电容在车辆运行时，一端与动力电池的高压母线连接，另一端连接到相应的变频器。如果在新能源汽车断开且高压电池包的高压继电器已经断开后，变频器的电容仍然保持充电状态，则动力电池包的母线和变频器上可能仍存在高压。为避免这种情况发生，在新能源汽车的变频器上设计了对变频器进行放电的电路，一旦新能源汽车断电，该放电电路就开始工作。对不同车辆而言，电容放电所需时间不尽相同，通常车辆放电的间隔时间为 5 min 或更久，具体车型的准确放电间隔时间可通过厂家的维修信息来了解。维修人员必须在整车断电后再等待足够长的时间，才能接触高压连接部件。

(4) 切断动力电池维修开关。在进行高压组件方面的维修检查时，维修人员可能接触高电压导线的接口等部件，为了保障维修检查过程中人员的安全，高压组件上不允许带危险电压。对于部分车型需要切断动力电池组，即拆卸维修开关。新能源汽车的维修开关是一种安全装置，专为汽车高压系统需要紧急禁用时设计。只有出现以下情形时才能拆下维修开关：车辆已被下电；变频器电容已充分放电。

维修开关在被拆下后，动力电池组出现断路，将汽车高压蓄电池分成两部分，以防止汽车电气驱动系统通电，但是动力电池组的两个部分仍单独保持有电状态，即存在危险。

很多维修开关上还设有冗余的低压互锁装置。维修开关被部分或全部拆下时，该互锁装置作为一种电路会与控制模块断开，或使电路断开。有些维修开关还装有高压电阻，与新能源汽车的动力电池组串联。

维修开关呈橙色，位于动力电池组附近。维修开关通常位于以下部件附近：车厢、装货区、行李箱等。维修开关通常采用隐藏式设计，如果维修人员需要对维修开关进行维护作业，需取下内部零部件或将行李箱的垫子翻起，并且在拆卸维修开关时需佩戴绝缘手套。

(5) 防止高压系统再激活。新能源汽车维修开关被拆下后，维修人员应妥善将其保存于固定工具箱中，确保其不会被其他人使用或重新安装至车辆，并使用绝缘布将维修开关底座堵塞，直至高压系统方面的维护检修作业结束。

(6) 确定高压系统断电。关闭新能源汽车电源后，断开其与 12 V 辅助蓄电池的连接，为变频器的电容留出足够的时间放电。对于某个具体系统来说，为保证能够安全地对其进行维修作业，维修人员必须根据汽车厂家的维修信息指示，使用电压表来确定两个检测点之间有无电压，或电压是否安全。如果该系统此前已经做了断电处理，则其理论上不存在电压，或即使有电压，其电压值也应该很小。

项目五　高压安全检测

姓名		班级		日期	

　　通常情况下，如果高压系统已正确断电，则维修人员测量出的电压值应该小于 1 V。为确认某个高压部件或连接部件已经下电，维修人员应戴上高压绝缘手套，在指定的测量点测量电压，如图 5-1-6 所示。如果所用的测量仪表不能自动调节量程，则维修人员应确保选取了该仪表的合适挡位。为做进一步的安全测量，维修人员可将测量端子接在仪表表笔的端部，将另一端子夹在高压电路的测量连接点上，每次只测一个测量点。如果两个测量连接点处没有电压，则该高压部件可以安全断开。

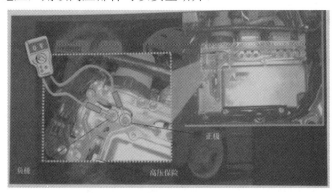

图 5-1-6　在高压测量点处测量电压

 质量检查

一、小组自检

各小组根据任务实施的记录结果，对本小组的作业内容进行再次确认。

序号	检 查 项 目	检查结果
1	作业前规范做好场地准备	□是　□否
2	作业前规范检查、准备人体模拟触电仪	□是　□否
3	正确使用人体模拟触电仪	□是　□否
4	说出体验电流各挡位时的感受	□是　□否
5	按照 8S 管理规范恢复仪器和场地	□是　□否

二、教师检查

教师根据各小组作业完成情况进行质量检查，选择优秀小组成员进行作业情况汇报，

项目五 高压安全检测

姓名		班级		日期	

针对作业过程中出现的问题提出改进措施与建议。

作业问题及改进措施:

_____

_____

_____

_____

 课后提升

以小组为单位查阅资料,了解不同车型高压中止的步骤和方法。

 评价反馈

小组内合理分工,交换操作员、监护员、记录员、评分员角色,完成作业任务后,结合个人、小组在课堂中的实际表现进行总结与反思。

请小组成员对完成本次工作任务的情况进行评分。

任务考核

1. 判断题

(1) 新能源汽车的动力电池持续存在高压。( )

(2) 逆变器在运行期间就会存在高压。( )

(3) 点火开关 ON 时,高压压缩机就会存在高压。( )

(4) 维修开关断开,动力电池内的电池及其连接电路仍然在串联的位置还具有高压。( )

(5) 拆下维修开关后,就可以继续对车辆进行高压检验操作。( )

(6) 拆下维修开关后,必须等待 5 分钟,使得高电压部件中的电容器进行放电,才可以继续对车辆进行高压检验操作。( )

(7) 在高压中止操作步骤中不需要断开低压辅助蓄电池的负极。( )

(8) 在拆除手动维修开关时不需要戴绝缘手套。( )

2. 选择题

(1) 新能源汽车高电压存在的形式有( )。

A. 一直存在   B. 点火开关打开时存在

C. 充电期间存在   D. 一直不存在

项目五　高压安全检测

姓名		班级		日期	

(2) 高压新能源汽车高电压存在的主要类型有(　　)。

A. 直流高压 　　　　　　　　　B. 交流高压

C. 变频高压 　　　　　　　　　D. 以上都不对

(3) 手动维修开关用于(　　)。

A. 切断动力电池中的连接回路 　　B. 维修车辆底盘

C. 切断驱动电机电源 　　　　　　D. 手动维修充电器

课堂笔记

_____

_____

_____

_____

_____

_____

_____

_____

_____

_____

_____

_____

_____

_____

_____

_____

_____

_____

项目五 高压安全检测

姓名		班级		日期	

任务二 车辆高压安全指标测试

 任务目标

知识与技能目标

✓ 认知比亚迪秦 Pro EV 高压安全防护设计。
✓ 掌握新能源汽车高压元件的绝缘性测试。

过程与目标方法

✓ 具备从多途径的信息源中检索专业知识的能力。
✓ 获得分析问题和解决问题的一些基本方法。
✓ 尝试多元化思考解决问题的方法,形成创新意识。
✓ 能充分运用所学的知识解决实训问题,具备较强的应用意识和实践能力。
✓ 可积极主动与小组成员交流、讨论学习成果,取长补短,完成自我提升。

情感、态度和价值观目标

✓ 能严格遵守岗位操作规程,确保工具、设备和自身的安全。
✓ 具备良好的职业道德,尊重他人劳动,不窃取他人成果。
✓ 养成定期反思与总结的习惯,改进不足,精益求精。
✓ 具有良好的团队协作精神和较强的组织沟通能力。
✓ 通过认识触电事故的危害,树立安全第一的意识。

项目五　高压安全检测

| 姓名 | | 班级 | | 日期 | |

 任务导入

　　和传统汽车相比较，新能源汽车的一个重要特点就是车内装有动力电池、电机等高压部件，其高压可达 300 V 以上，电流可达 30 A 以上，较高的电压和电流随时考验着车载高压用电设备的使用安全。因此对于高压安全防护来说，仅仅采用基于设备自身的防护措施是远远不够的，车辆自身也应增加高压电气系统上的防护措施。

绝缘电阻测试仪的使用

绝缘电阻的测量

任务书

　　＿＿＿＿＿＿＿＿＿是一名新能源汽车维修学员。新能源汽车维修工班＿＿＿＿＿＿＿组接到了新能源汽车高压线束更换的任务，班长根据作业任务对班组人员进行了合理分工，同时强调了认识高压危害的重要性。＿＿＿＿＿＿＿接到任务后，按照操作注意事项和操作要点进行新能源汽车高压中止任务的学习。

等电位连接的测量

 任务分组

班级		组号		指导老师	
组长		学号			
组员	姓名： 姓名： 姓名： 姓名：	学号： 学号： 学号： 学号：		姓名： 姓名： 姓名： 姓名：	学号： 学号： 学号： 学号：
任 务 分 工					

 获取信息

一、新能源汽车的高压安全防护设计

引导问题 1：新能源汽车如何进行高压安全防护？

项目五　高压安全检测

姓名		班级		日期	

1. 安全警示标识及高压线束

新能源汽车上的高压元器件较多，为了保障人员安全，在新能源汽车 B 级电压的电能储存系统或产生装置上，如动力电池和电机等设备应标记符号，如图 5-2-1 所示。对于相互传导连接的 A 级电压电路和 B 级电压电路，当电路中直流带电部件的一极与电平台连接，且满足其他任一带电部分与这一极的最大电压值不大于 30 VAC 且不大于 60 VDC 的情况时，则不需要标记该符号；否则，无论是否存在 B 级电压，都应标记该符号，符号的底色为黄色，边框和箭头为黑色。

图 5-2-1　高压警示标志

同时，B 级电压电路中电缆和线束的外皮应用橙色加以区别，如图 5-2-2 所示。图中为比亚迪秦 Pro EV 高压警示标识及动力电池高压电缆、电机控制器高压电缆、快充线束、慢充线束、高压附件线束及相关连接器等。

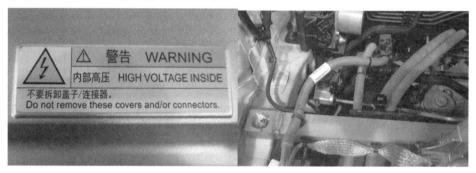

图 5-2-2　比亚迪秦 Pro EV 前舱高压警示标识、高压线缆

2. 绝缘防护

绝缘是表征绝缘体阻止电流通过能力的特性，它通过一些物理量来体现，如绝缘电阻等。绝缘包括基本绝缘、附加绝缘、双重绝缘及加强绝缘等。基本绝缘是指用于带电部件，以提供基本触电保护的绝缘；附加绝缘又称为辅助绝缘或保护绝缘，是为了在基本绝缘一旦损坏的情况下防止触电而在基本绝缘之外附加的一种独立绝缘；双重绝缘是组合型的绝缘结构，由基本绝缘和附加绝缘共同组成；加强绝缘相当于双重绝缘保护程度的单绝缘结构。

纯电动汽车绝缘防护及维修作业中涉及车辆自身绝缘防护措施、场地绝缘防护、操作人员绝缘防护等几个方面。如车辆高压线束及插头的绝缘防护，不能出现漏电问题；动力电池整体外壳及密封防护，必须能够使电池内部与外界隔离，达到防水、防漏电等

项目五　高压安全检测

姓名		班级		日期	

要求。

3. 接地保护

电动汽车的高压设备和车身底盘连接后，若设备正极发生对外壳漏电故障，即使人员接触到该设备带电的外壳，由于人体被等电位连接线旁通，故不会有危险的电流流过，从而避免电击。

获得信息：在实车上找到高压元件的搭铁点。

4. 电气隔离

电气隔离就是使两个电路之间没有电气上的直接联系，即两个电路之间是相互绝缘的，同时还要保证两个电路维持能量传输的关系。电气隔离主要用在电动汽车充电系统中，采用交、直流隔离的充电机是目前进行电气隔离时最常用的方法。

5. 自动断路功能

当存在某些特殊情况(如碰撞、绝缘不良、高压电气回路不连续、过电流及短路等)时，自动断路功能可以在没有使用者干扰的情况下，通过断路器等装置将高压电气回路切断，从而达到保护人员和电气系统安全的目的。

熔断功能通常使用熔断器来实现，它是一种用于电气系统过电流及短路保护的手段。熔断主要是为了保证电动汽车高压电气系统安全运行而采用的一种防护措施。各分路用电器分别串联快速熔断器。用电器发生过电流或短路时，快速熔断器自动分断。动力蓄电池分组串联，每组配有熔断器，发生意外短路时可切断蓄电池之间的连接。

6. 预充电保护

纯电动汽车设置有预充电保护功能，相应的配置有预充电接触器、预充电电阻等器件。在进行充电过程中，首先工作的就是预充电相关电路模块，对模块内部器件(如电容、电感线圈)进行充电，几秒后转入正常充电，以避免过电流时的冲击。

二、高压元器件绝缘性测试

比亚迪秦 Pro EV 汽车中各部件、高压线束都要有绝缘防护，不能出现漏电问题。下面以比亚迪秦 Pro EV 的充配电总成的绝缘性测试为例进行讲解，如图 5-2-3 所示，主要步骤如下：

(1) 拆卸充配电总成上所有高压线束连接器。

(2) 拆卸充配电总成上的水管时，注意使用水管专用堵头堵住。

图 5-2-3　比亚迪秦 Pro EV 充配电总成分线盒

项目五 高压安全检测

姓名		班级		日期	

(3) 拆卸充配电总成托架固定螺丝，将充配电总成小心取出。

(4) 绝缘电阻测试仪选择电压为 1000 V。

(5) 测量充配电总成动力电池输入端的 1 号端子与充配电总成壳体之间的电阻，如图 5-2-4 所示。其标准值应大于 11 GΩ。

(6) 测量充配电总成动力电池输入端的 2 号端子与充配电总成壳体之间的电阻，如图 5-2-5 所示。其标准值应大于 11 GΩ。

图 5-2-4　测量充配电总成动力电池输入端的 1 号　　图 5-2-5　测量充配电总成动力电池输入端的 1 号
　　　　　端子与充配电总成壳体之间的电阻　　　　　　　　　端子与充配电总成壳体之间的电阻

获得信息：绝缘电阻测试仪应选择电压_____V。

项目	充配电总成动力电池输入端端子与充配电总成壳体之间的电阻	
测量值	输入端 1 号端子	
	输入端 2 号端子	
结果判断及处理		

项目五　高压安全检测

姓名		班级		日期	

任务三　新能源汽车高压线束安全测试

 任务目标

知识与技能目标

- ✓ 认知比亚迪秦 Pro EV 的高压线束布局。
- ✓ 掌握新能源汽车动力电池高压线路检测(含充电、供电线路)。
- ✓ 掌握新能源汽车充电线路检测。
- ✓ 掌握新能源汽车驱动电机高压线路检测。

过程与目标方法

- ✓ 具备从多途径的信息源中检索专业知识的能力。
- ✓ 获得分析问题和解决问题的一些基本方法。
- ✓ 尝试多元化思考解决问题的方法，形成创新意识。
- ✓ 能充分运用所学的知识解决实训问题，具备较强的应用意识和实践能力。
- ✓ 可积极主动与小组成员交流、讨论学习成果，取长补短，完成自我提升。

情感、态度和价值观目标

- ✓ 能严格遵守岗位操作规程，确保工具、设备和自身的安全。
- ✓ 具备良好的职业道德，尊重他人劳动，不窃取他人成果。
- ✓ 养成定期反思与总结的习惯，改进不足，精益求精。
- ✓ 具有良好的团队协作精神和较强的组织沟通能力。
- ✓ 通过认识触电事故的危害，树立安全第一的意识。

项目五　高压安全检测

姓名		班级		日期	

 任务导入

在前述的任务模块里，已经重点学习了新能源汽车动力电池高压断电、放电、验电的操作，这为后续的检修、测量提供了安全保障。在此基础上，结合国赛作业工单和维修手册，学习新能源汽车高压线束的安全检测任务。通过本任务的学习，掌握新能源汽车不同高压部件线束的安全检测方法，在安全操作的前提下将其应用到工作和技能大赛中。

高压线束绝缘
电阻的检测

 任务书

_____是一名新能源汽车维修学员。新能源汽车维修工班_____组完成了对新能源汽车高压线束的更换任务，需对更换后的高压线束进行安全检测。班长根据作业任务对班组人员进行了合理分工，同时强调了高压线束检测的重要性。_____接到任务后，按照操作注意事项和操作要点进行新能源汽车高压线束安全检测的学习。

 任务分组

班级		组号		指导老师	
组长		学号			
组员	姓名：　　　　学号： 姓名：　　　　学号： 姓名：　　　　学号： 姓名：　　　　学号：			姓名：　　　　学号： 姓名：　　　　学号： 姓名：　　　　学号： 姓名：　　　　学号：	
任 务 分 工					

 获取信息

新能源汽车高压线束是整车电力传输分配的神经系统，高压线束的正常工作为新能源汽车的可靠运行和安全行驶提供了保证。当高压线束发生故障时，需要对其进行检测及更换，因此必须了解高压线束的检测方法、更换流程和安全操作注意事项。

姓名		班级		日期	

一、新能源汽车的高压安全防护设计

引导问题 1：新能源汽车的高压线束都有哪些？

高压线束是新能源汽车实现动力电池和高压部件之间能量传输的桥梁和纽带，而高压接插件是确保高压线束安全稳定使用的核心部件之一。根据新能源汽车电控系统组成方式不同将高压线束的分布分为分体式电控系统高压线束分布和集成式高压电控总成高压线束分布。

1. 分体式电控系统的高压线束分布

分体式电控系统的代表车型主要是北汽 EV200 等微型新能源汽车，它的高压线束主要包括六段，分别是动力电池高压线束、驱动电机控制器高压线束、直流快充高压线束、车载充电机高压线束、电附件(电动压缩机、PTC 加热器等)高压线束、电机三相线束等，结构如图 5-3-1 所示。

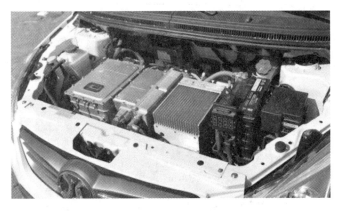

图 5-3-1 分体式电控系统的高压线束分布

(1) 动力电池高压线束：连接动力电池与高压控制盒之间的线束；

(2) 驱动电机控制器高压线束：连接高压控制盒与电机控制器之间的线束；

(3) 直流快充高压线束：连接直流快充接口与高压控制盒之间的线束；

(4) 车载充电机高压线束：连接交流慢充接口与车载充电机之间的线束；

(5) 电附件高压线束：连接高压控制盒到 DC/DC 转换器、车载充电机、空调电动压缩机、PTC 加热器等电附件之间的线束；

(6) 电机三相线束：连接驱动电机控制器与驱动电机之间的线束。

分体式电控系统代表车型的高压线束连接原理如图 5-3-2 所示。

项目五 高压安全检测

姓名		班级		日期	

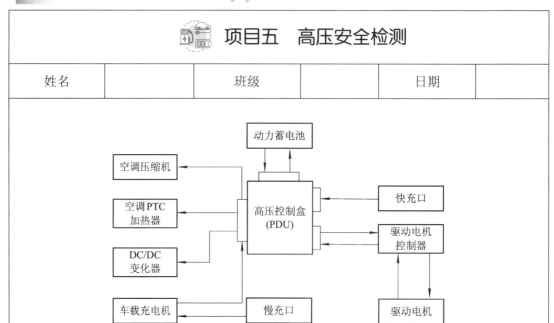

图 5-3-2　分体式电控系统代表车型的高压电路连接原理

2. 集成式电控系统的高压线束分布

采用集成式高压电控总成的代表车型有比亚迪秦 Pro EV 等，它的高压线束主要包括七段，分别是动力电池高压线束、直流快充高压线束、交流慢充高压线束、驱动电机高压线束、空调压缩机高压线束、空调 PTC 加热器高压线束、DC/DC 转换器高压线束等，结构如图 5-3-3 所示。

图 5-3-3　比亚迪秦 Pro EV 高压电缆分布图

(1) 动力蓄电池高压线束：连接动力电池与高压电控总成之间的线束。

(2) 电机控制器线束：连接高压电控总成与电机控制器之间的线束。

(3) 直流快充高压线束：连接直流快充接口与高压电控总成之间的线束。

项目五　高压安全检测

姓名		班级		日期	

(4) 交流慢充高压线束：连接交流慢充接口与车载充电机之间以及连接车载充电机到高压电控总成之间的线束。

(5) 空调压缩机高压线束：连接高压电控总成与空调压缩机之间的线束。

(6) 空调 PTC 加热器高压线束：连接高压电控总成与空调 PTC 加热器之间的线束。

(7) DC/DC 转换器高压线束：连接高压电控总成与 DC/DC 转换器之间的线束。

集成式电控系统代表车型比亚迪秦 Pro EV 的高压线束连接原理如图 5-3-4 所示。

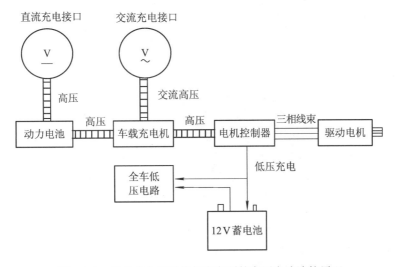

图 5-3-4　集成式电控系统代表车型的高压电路连接原理

二、新能源汽车高压线束的安全检测

引导问题 1：新能源汽车的高压线束是通过什么样的连接组合在一起呢？

高压配电系统的部分连接器见表 5-3-1。

表 5-3-1　高压配电系统的部分连接器

项　目	图　　示	端子定义
动力电池线束连接器		端子 1：HV+ (高压总正)
		端子 2：HV- (高压总负)

项目五　高压安全检测

姓名		班级		日期	

直流充电线束连接器		端子1：DC+ (快充总正)
		端子2：DC- (快充总负)
交流充电接充配电总成		端子1：DC+ (慢充总正)
		端子2：DC- (慢充总负)
电机控制器接充配电总成		端子1：HV+
		端子2：HV-
空调控制器高压线束连接器		端子1：HV+
		端子2：HV-

项目五 高压安全检测

| 姓名 | | 班级 | | 日期 | |

电池加热器高压线束连接器		端子1：HV+
		端子2：HV-
空调加热器高压线束连接器		端子1：HV+
		端子2：HV-
慢充接口		CC：充电连接确认
		CP：控制引导
		N：交流充电N线
		L：交流充电相线
		PE：保护接地
快充接口		DC+：直流充电正
		DC-：直流充电负
		PE：保护接地
		S+：充电通信CANH
		S-：充电通信CANL
		CC1：充电连接确认1
		CC2：充电连接确认2
		A+：低压辅助电源正
		A-：低压辅助电源负

项目五 高压安全检测

姓名		班级		日期	

引导问题 2：对新能源汽车的高压线束检测都包括什么？

对高压线束的检测一般包括外观检查和性能检测。主要项目有：

(1) 新能源汽车车用高压线束应具备耐老化、阻燃、耐磨损等性能，不得出现裂纹，不能有导体暴露等情况。

(2) 在外观状态良好的前提下，应保证内部线束的导通和绝缘性能良好。

(3) 交流慢充充电线束的电阻值应正常。

(4) 各高压线束的绝缘电阻值应符合国家标准。

1. 动力电池的高压线路检测

(1) 高压中止与验电。

(2) 绝缘性测试。

① 动力电池供电线路绝缘性测试。

a. 拆卸动力电池供电线束连接器。

b. 用绝缘电阻测试仪测量动力电池高压线束连接器的 1 号端子与车身接地之间的绝缘电阻，如图 5-3-5 所示。标准电阻应大于或等于 20 MΩ。

图 5-3-5 测量动力电池高压线束连接器 1 号端子与车身接地之间的绝缘电阻

c. 用绝缘电阻测试仪测量动力电池高压线束连接器的 2 号端子与车身接地之间的绝缘电阻，如图 5-3-6 所示。标准电阻应大于或等于 20 MΩ。

项目五 高压安全检测

姓名		班级		日期	

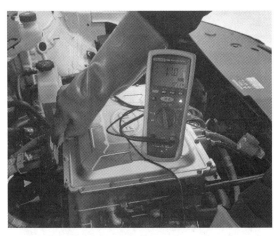

图 5-3-6 测量动力电池高压线束连接器 2 号端子与车身接地之间的绝缘电阻

d. 确认测量值是否符合标准。

② 动力电池直流充电线路绝缘性测试。

a. 拆卸动力电池直流充电线束连接器。

b. 用绝缘电阻测试仪测量动力电池直流充电线束连接器的 1 号端子与车身接地之间的绝缘电阻，如图 5-3-7 所示。标准电阻应大于或等于 20 MΩ。

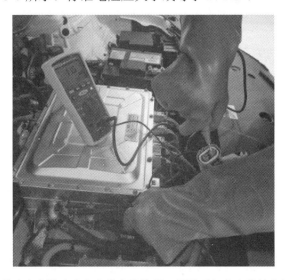

图 5-3-7 测量动力电池直流充电线束连接器 1 号端子与车身接地之间的绝缘电阻

c. 用绝缘电阻测试仪测量动力电池直流充电线束连接器的 2 号端子与车身接地之间的绝缘电阻，如图 5-3-8 所示。标准电阻应大于或等于 20 MΩ。

项目五　高压安全检测

姓名		班级		日期	

图 5-3-8　测量动力电池直流充电线束连接器 2 号端子与车身接地之间的绝缘电阻

d. 确认测量值是否符合标准。

信息获取：

绝缘电阻测试仪选择电压_____

项目	动力电池供电线路的绝缘性		动力电池直流充电线路的绝缘性	
测量值	1 端子		1 端子	
	2 端子		2 端子	
结果判断及处理				

2. 动力电池充电口线路检测

(1) 高压中止与验电。

(2) 检查充电口是否有异物、烧蚀现象。

(3) 绝缘性测试。

① 绝缘测试仪选择电压为 1000 V。

② 测量交流充电口 L 对 PE 的电阻，标准值应大于或等于 20 MΩ，交流充电接口示意图如图 5-3-9 所示。

③ 测量交流充电口 N 对 PE 的电阻，标准值应大于或等于 20 MΩ。

项目五　高压安全检测

姓名		班级		日期	

④ 测量直流充电口 DC+ 对 PE 的电阻，标准值应大于或等于 20 MΩ。

⑤ 测量直流充电口 DC- 对 PE 的电阻，标准值应大于或等于 20 MΩ，如图 5-3-10 所示。

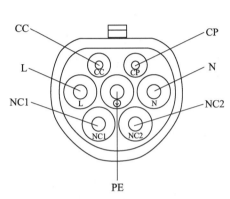

图 5-3-9　交流充电接口示意图　　　图 5-3-10　测量直流充电口 DC+对 PE 的电阻

信息获取：

绝缘电阻测试仪选择电压＿＿＿＿＿＿

项目	交流充电口的绝缘性		直流充电口的绝缘性	
测量值	L 端子		DC+ 端子	
	N 端子		DC- 端子	
结果判断及处理				

3. 驱动电机高压线束检测

(1) 高压中止与验电。

(2) 电机线束绝缘性测试。

① 拆卸电机控制器端三相线束。

② 拆卸电机端三相线束，如图 5-3-11 所示。

③ 绝缘测试仪选择电压为 1000 V。

④ 测量电机控制器三相线束 1 号端子与电机壳体之间电阻，如图 5-3-12 所示，标准值应大于或等于 20 MΩ。

⑤ 测量电机控制器三相线束 2 号端子与电机壳体之间电阻，如图 5-3-13 所示，标准值应大于或等于 20 MΩ。

项目五　高压安全检测

姓名		班级		日期	

⑥ 测量电机控制器三相线束 2 号端子与电机壳体之间电阻，如图 5-3-14 所示，标准值应大于或等于 20 MΩ。

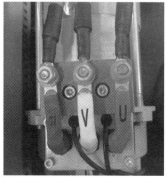

图 5-3-11　驱动电机三相线束　　　图 5-3-12　测量电机三相线束 1 号端子与壳体之间电阻

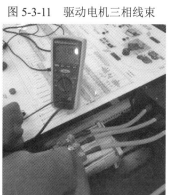

图 5-3-13　测量电机三相线束 2 号
端子与壳体之间电阻

图 5-3-14　测量电机三相线束 3 号
端子与壳体之间电阻

信息获取：

绝缘电阻测试仪选择电压_____

项目		电机端子绝缘性检测
测量值	电机 1 号端子	
	电机 2 号端子	
	电机 3 号端子	
结果判断及处理		

项目五　高压安全检测

姓名		班级		日期	

(3) 电机三相线束测试。

① 三相线束相互短路测试。

a. 使用万用表欧姆挡测量线束 1 号端子和 2 号端子之间电阻，如图 5-3-15 所示。标准值应大于或等于 20 MΩ。

图 5-3-15　测量线束 1、2 之间电阻

b. 使用万用表欧姆挡测量线束 1 号端子和 3 号端子之间电阻。标准值应大于或等于 20 MΩ。

c. 使用万用表欧姆挡测量线束 2 号端子和 3 号端子之间电阻。标准值应大于或等于 20 MΩ。

信息获取：

项目	电机三相线束相互短路检测	
测量值	三相线束 1 号与 2 号端子	
	三相线束 1 号与 3 号端子	
	三相线束 2 号与 3 号端子	
结果判断及处理		

② 三相线束断路测试(每根线束的两端)。

a. 用万用表欧姆挡测量线束 U 的两端子之间线束电阻，标准值小于 1 Ω。

b. 用万用表欧姆挡测量线束 V 的两端子之间线束电阻，标准值小于 1 Ω。

c. 用万用表欧姆挡测量线束 W 的两端子之间线束电阻，标准值小于 1 Ω。

项目五　高压安全检测

姓名		班级		日期	

信息获取：

项目	电机三相线束相互短路检测	
测量值	三相线束 U 线两端子	
	三相线束 V 线两端子	
	三相线束 W 线两端子	
结果判断及处理		

③ 三相线束对地绝缘电阻测试。

a. 用绝缘电阻测试仪测量线束 U 与车身地之间电阻，如图 5-3-16 所示。标准值应大于或等于 20 MΩ。

图 5-3-16　测量线束 U 与车身地之间电阻

b. 用绝缘电阻测试仪测量线束 V 与车身地之间电阻，如图 5-3-17 所示。标准值应大于或等于 20 MΩ。

c. 用绝缘电阻测试仪测量线束 W 与车身地之间电阻，如图 5-3-18 所示。标准值应大于或等于 20 MΩ。

图 5-3-17　测量线束 V 与车身地之间电阻　　　图 5-3-18　测量线束 W 与车身地之间电阻

项目五　高压安全检测

姓名		班级		日期	

信息获取：

绝缘电阻测试仪选择电压_____

项目	电机三相线束对地绝缘电阻的检测	
测量值	三相线束 U 对地绝缘电阻	
	三相线束 V 对地绝缘电阻	
	三相线束 W 对地绝缘电阻	
结果判断及处理		

_____

_____

_____

_____

_____

_____

_____

_____

_____

_____

_____

_____

_____

_____

_____

_____

_____

项目六　汽车电路图识读

姓名		班级		日期	

任务一　汽车电路图认知

 任务目标

知识与技能目标

- ✓ 能够描述汽车电路的特点。
- ✓ 能够描述不同种类的汽车电路图的特点和作用。
- ✓ 能够识别不同种类的汽车电路图。

过程与目标方法

- ✓ 具备从多途径的信息源中检索专业知识的能力。
- ✓ 获得分析问题和解决问题的一些基本方法。
- ✓ 尝试多元化思考解决问题的方法，形成创新意识。
- ✓ 能充分运用所学的知识解决实训问题，具备较强的应用意识和实践能力。
- ✓ 可积极主动与小组成员交流、讨论学习成果，取长补短，完成自我提升。

情感、态度和价值观目标

- ✓ 能严格遵守岗位操作规程，确保工具、设备和自身的安全。
- ✓ 具备良好的职业道德，尊重他人劳动，不窃取他人成果。
- ✓ 养成定期反思与总结的习惯，改进不足，精益求精。
- ✓ 具有良好的团队协作精神和较强的组织沟通能力。
- ✓ 通过认识触电事故的危害，树立安全第一的意识。

项目六　汽车电路图识读

姓名		班级		日期	

 ## 任务导入

　　一辆新能源汽车发生故障，需要进行维修，但是现场工作人员不清楚电路的具体分布，需要查阅车型电路图来进行辨析。您作为维修技师，应该如何查阅电路图？

新能源汽车电路基本知识

 ## 任务书

　　＿＿＿＿＿＿＿＿＿是一名新能源汽车维修学员。新能源汽车维修工班＿＿＿＿＿＿组接到了新能源汽车电路故障排查任务，需要查阅电路图。

 ## 任务分组

班级		组号		指导老师	
组长		学号			
组员	姓名：　　　　学号： 姓名：　　　　学号： 姓名：　　　　学号： 姓名：　　　　学号：		姓名：　　　　学号： 姓名：　　　　学号： 姓名：　　　　学号： 姓名：　　　　学号：		
任务分工					

 ## 获取信息

一、汽车电路的基本知识

　　引导问题 1：汽车电路都由哪些部分组成？

　　汽车电路是汽车电气线路的简称，是用选定的导线将全车所有的电气设备相互连接成直流电路而构成的一个完整的供、用电系统。任何电源向外供电，任何用电设备要使用电能，都必须用导线将电源与用电设备两者合理地连接起来，让电流形成回路，使电流在用

姓名		班级		日期	

电器中做功。我们将这种电流通过的路径称为电路。一般的电路都是通过导线连接起来的，故又称为线路。

　　电路的概念可通过图 6-1-1 来理解。图 6-1-1(a)中，把蓄电池的正极、负极与灯泡用导线连接起来形成电路。如果用符号表示图 6-1-1(a)中的电器，就会得到如图 6-1-1(b)所示的电路图，图中 R 表示灯泡的电阻，箭头表示电流的方向。如果在图 6-1-1(b)所示电路中增设开关，就形成了如图 6-1-1(c)所示的电路，该电路可通过开关控制电路的通与断。当开关断开时，电路中没有电流通过，灯不亮，这种状态称为开路或断路；当开关闭合时，电路中有电流通过，灯亮，这种状态称为通路。

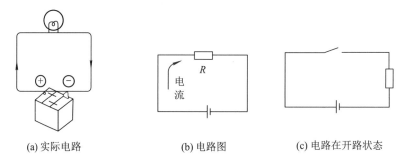

(a) 实际电路　　　　　(b) 电路图　　　　　(c) 电路在开路状态

图 6-1-1　电路的概念

　　引导问题 2：汽车电路有哪些特点呢？

　　近年来，随着新能源汽车和智能网联汽车的发展，汽车电器与电子设备种类、功能各异，电路系统也更加复杂，但其电路都遵循一定的原则，了解这些原则对进行汽车电路分析是很有帮助的。汽车电路具有以下特点：

　　(1) 低压。汽车低压电气系统的额定电压主要有 12 V 和 24 V 两种。汽油车普遍采用 12 V 电源，柴油车多采用 24 V 电源(由两个 12 V 蓄电池串联而成)。汽车实践运行中的电压，一般 12 V 系统的为 14 V，24 V 系统的为 28 V。

　　(2) 直流。现代汽车发动机是靠电力启动机启动的，启动机由蓄电池供电，而向蓄电池充电又必须使用直流电源，所以汽车电气系统为直流系统。

　　(3) 单线制。单线连接是汽车电路的特殊性，它是指汽车上所有电气设备的正极均采用导线相互连接，而所有负极则直接或间接通过导线与车架或车身金属部分相连，即搭铁。任何一个电路中的电流都是从电源的正极出发经导线流入用电设备后，再由用电设备自身或负极导线搭铁，通过车架或车身流回电源负极而形成回路。

　　(4) 并联连接。汽车上的两个电源(蓄电池与发电机或新能源汽车的 DC-DC)之间以及所有用电设备之间，都是正极接正极，负极接负极，采用并联连接。由于采用并联连接，所以汽车在使用中，当某一支路用电设备损坏时，并不影响其他支路用电设备的正常工作。

项目六　汽车电路图识读

姓名		班级		日期	

(5) 负极搭铁。采用单线制时，蓄电池的一个电极需接至车架或车身上，俗称"搭铁"。蓄电池的负极接车架或车身，称为"负极搭铁"。负极搭铁对车架或车身金属的化学腐蚀较轻，对无线电干扰小。我国标准规定汽车电路统一采用负极搭铁。

提示：在更换或拆装汽车电气部件时，为了确保操作过程和电气设备的安全，首先要断开蓄电池负极导线以断电。

(6) 设有保险装置。为了防止因短路或搭铁而烧坏线束，汽车电路中一般设有保护装置，如熔断器、易熔线等。

(7) 有颜色和编号特征。为了便于区别各电路的连接，汽车所有低压导线必须选用不同颜色的单色或双色线，并在每根导线上编号。编号由生产厂家统一规定。

二、汽车电路的基本组成和分类

汽车电路是根据用电设备的工作特性及相互间的关系用导线和车体连接成的电流的通路，构成一个完整的供、用电系统。汽车电路一般由电源、用电设备、电路控制装置、电路保护装置和导线等组成。

电源：向汽车电气设备提供低压直流电能，保证汽车各用电设备在不同情况下都能正常工作。汽车上装有两个电源，传统汽车为蓄电池和发电机，新能源汽车为蓄电池和DC-DC，如图 6-1-2～图 6-1-4 所示。

图 6-1-2　蓄电池

图 6-1-3　发电机

图 6-1-4　DC-DC

项目六 汽车电路图识读				
姓名		班级		日期

用电设备：包括电动机、电磁阀、灯泡、仪表、各种电子控制元件和传感器等，如图6-1-5所示。

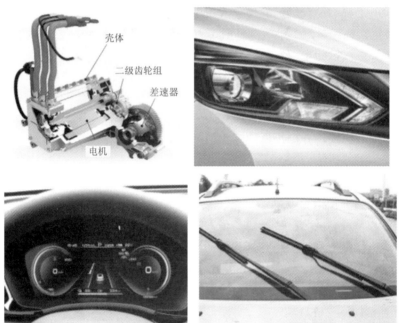

图 6-1-5　汽车上的用电设备

电路控制装置：除了传统的手动开关、压力开关、温控开关等，还包括电子控制器件、电子模块等，如图 6-1-6 所示。

图 6-1-6　汽车上的电路控制装置

导线：将上述装置连接起来构成回路。汽车上通常用车体代替部分用电器负极导线。

项目六　汽车电路图识读

姓名		班级		日期	

　　汽车电路图是一种将汽车电器和电子设备用图形符号和代表导线的线条连接在一起的关系图，是对汽车电器的组成、工作原理、工作过程及安装要求所作的图解说明。电路图中表示的是不同电路相互之间的关系及彼此之间的连接，通过对电路图的识读，可以认识并确定电路图上所画电气元件的名称、型号和规格，清楚地掌握汽车电气系统的组成、相互关系、工作原理和安装位置，便于对汽车电路进行检查、维修、安装、配线等工作。

　　注意：据统计，在近十年发生的机动车火灾中，由电气故障引发的火灾占50%以上。在电气线路及电气设备上由于各种不同原因，使电气线路相接或相碰，电流突然增大，导线发热量超过正常工作状态，造成电气设备故障发热或将绝缘层引燃起火。从设计层面上看，电气线路超负荷是其中一个重要原因。长时间过载，导线温度就会超过最高允许温度，从而加快导线的绝缘老化和损坏，引起火灾。在汽车电气线路工作过程中，电线绝缘受热的作用性能逐步退化，直至失效。应保证电线绝缘材料在车辆寿命期内具有需要的机械性能。本文从正向设计层面对导线寿命进行理论分析，保证电线束导线寿命满足整车要求。

　　汽车导线按承受电压的高低，可以分为低压导线和高压导线，如图 6-1-7 和图 6-1-8 所示。

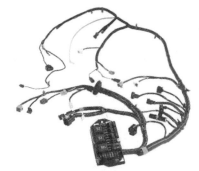

图 6-1-7　低压导线

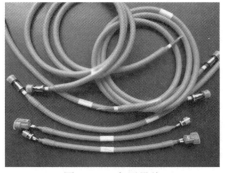

图 6-1-8　高压导线

项目六　汽车电路图识读

姓名		班级		日期	

1. 低压导线

1) 导线的型号与规格

普通低压导线有采用聚氯乙烯作绝缘包层的 QVR 型，也有采用聚氯乙烯-丁腈复合物作绝缘包层的 QFR 型。两种导线绝缘层的耐低温性、耐油性和阻燃性都比较好，尤以后者为佳。

普通低压导线采用多股铜质线芯结构，这是由于铜质多股线芯能够反复弯曲且不易折断，制成线束后的柔性仍较好，安装方便。QVR 型和 QFR 型不同导线结构见表 6-1-1。

表 6-1-1　QVR 型和 QFR 型不同导线结构

型号	名称	标准截面积/mm²	线芯结构		绝缘层标准厚度/mm	导线最大外径/mm
			根数	单根直径/mm		
QVR	聚氯乙烯绝缘低压导线	0.5			0.6	2.2
		0.6			0.6	2.3
		0.8	7	0.39	0.6	2.5
		1.0	7	0.43	0.6	2.6
		1.5	17	0.52	0.6	2.9
		2.5	19	0.41	0.8	3.8
QFR	聚氯乙烯-丁腈复合绝缘低压导线	4	19	0.52	0.8	4.4
		6	19	0.64	0.9	5.2
		8	19	0.74	0.9	5.7
		10	49	0.52	1.0	6.9
		16	49	0.64	1.0	8.0
		25	98	0.58	1.2	10.3
		35	133	0.58	1.2	11.3
		50	133	0.58	1.4	13.3

项目六 汽车电路图识读

姓名		班级		日期	

2) 导线的选择

汽车上各种电气设备所用的连接导线，通常是根据用电设备的负载电流大小来选择导线的截面积。其选择的原则是：长时间工作的电气设备可选用实际载流量为 60% 的导线；短时间工作的用电设备可选用实际载流量为 60%～100% 的导线。

在选用导线时，还应考虑电路中的电压降和导线发热等情况，以免影响用电设备的电气性能和超过导线的允许温度。对于一些工作电流很小的电器，为保证导线具有一定的机械强度，汽车电路中所用导线的截面积不得小于 0.5 mm²。

所谓标称截面积，是经过换算而统一规定的线芯截面积，不是实际线芯的几何面积，也不是各股线芯的几何面积之和。

汽车线束的导线常用的规格有标称截面积是 0.5、0.75、1.0、1.5、2.0、2.5、4.0、6.0 mm² 的电线，它们各自都有允许的负载电流值，可配用于不同功率的用电设备。汽车导线截面积的选择具体如表 6-1-2 所示。

表 6-1-2　汽车主要电路导线截面积的选择

标称截面积/mm²	用　途
0.5	后灯、顶灯、指示灯、仪表灯、牌照灯、燃油表、雨刮器电机等
0.8	转向灯、制动灯、停车灯、分电器等
1.0	前照灯的近光、电喇叭(3A 以下)等
1.5	前照灯的远光、电喇叭(3A 以上)等
1.5～4	其他连接导线
4～6	柴油机电热塞电路
4～25	电源线
16～95	启动电路

3) 线束

在汽车上，为了安装方便和保护导线不被水、油侵蚀和磨损，汽车导线除高压线和蓄电池导线外，都用绝缘材质如薄聚氯乙烯带缠绕包扎成束，称为线束。

汽车线束的制作程序是：下线→压接分支→上模板捆扎→套波纹管→压装接线端子。

为便于汽车电路的连接和维修，汽车用低压线的颜色必须符合有关标准。单色线的颜色由表 6-1-3 规定的颜色组成。双色线的颜色由表 6-1-3 规定的两种颜色配合组成。双色线的主色所占比例大些，辅助颜色所占比例小些。辅助色条纹与主色条纹沿圆周表面的比例为 1∶3～1∶5。双色线的标注第一色为主色，第二色为辅色。

项目六　汽车电路图识读

姓名		班级		日期	

表 6-1-3　汽车用电线颜色

导线颜色	代码	导线颜色	代码	导线颜色	代码
黑	B	绿	G	褐	T
白	W	黄	Y	灰	GR
红	R	棕	BR	橙	O
透明	CL	粉	P	紫	PP
粉紫	V	深蓝	DK BL	浅蓝	LT BL

2. 搭铁线

汽车低压电气系统使用直流电，采用串联、并联或者串并混联电路，所有电路都有正极和负极。从负载引出的回路都要通过导线直接连接到蓄电池的负极接线端。如果采取分立接线方式，蓄电池上的导线就会成倍增加。为了节约导线材料，方便安装，一般汽车电路都采用单线制，即将蓄电池的正极线直接与各用电设备连接，蓄电池的负极线直接搭在车架金属机件上，用电设备的负极线也就近搭在车架金属机件上，利用发动机和汽车底盘(梁架)的金属体作公共通道。这种负极线与车体相连的方式称为"搭铁"，也称为"接地"或"接铁"。

传统内燃机汽车上一般有两条以上主搭铁线：其中一条是蓄电池的负极线；另一条是发动机与大梁之间的搭铁线。为了保险起见，还有变速器与大梁之间、车厢金属壳体与大梁之间的搭铁线。这些搭铁线的形式与普通导线有所不同，一般是扁平的铜质或铝质编织线，其电流承载量大，如图 6-1-9 所示。

图 6-1-9　搭铁线

项目六 汽车电路图识读

姓名		班级		日期	

汽车电气系统中搭铁不良的现象很容易发生。如发动机的搭铁线紧固螺栓松动，或者重接搭铁线时随便安装，或者搭铁线的接头腐蚀电阻增大，这些都会造成接触不良，从而迫使电流试图通过另外的回路，引起电压下降或工作失效。搭铁不良会造成电气线路的许多显性或隐性故障。如在点火系统中，如果发动机搭铁不良，则会造成火花塞的火花弱，汽车动力减弱。在现代汽车上，搭铁不良还会造成点火电子模块损坏。如在启动电路中，如果发动机搭铁不良，则会造成发动机转速减慢，电枢发热，时间稍长还很容易烧毁发动机；在灯光电路中，如果灯具搭铁不良，则会造成灯光不亮或灯光暗淡，为行车增添危险。因此，认识搭铁线的作用可以避免检查电气故障时产生失误。

3. 高压导线

新能源汽车所有高压电路的线束和连接器都是橙色的，动力电池组等高压零部件都贴有高压警示标志，在未完成整车高压断电前，不要触碰所有高压电路的线束和连接器。

高压导线作为新能源汽车动力输出的主要载体，是整车性能和安全性的关键零部件之一。高压线束的研发和设计不仅要从整车的角度考虑，还要从原材料、连接器、组件供应商等各个环节的角度出发。在行业标准还不太规范的情况下，应共同努力制定既符合当前实际使用环境，又具有行业前瞻性的统一标准。

1）电压

高压导线与常规汽车电缆的基本差异是：结构需要按额定电压 600 V 设计，如果在商用车上使用，额定电压可高达 1000 V，甚至更高。相比之下，内燃机驱动的汽车使用的电缆设计电压则为 60 V。

系统产生的功率 $(P=U\times I)$ 不变的情况下，由于使用较低的电流，高压可以减少电能在传输过程中产生的功耗损失 $(P_{LOSS}=12\times R)$。

2）电流

由于电缆连接电池、逆变器和电动机，高压电缆需要传输高电流。根据系统组件的功率要求，新能源汽车的电流可达到 250～450 A。

3）温度

高电流传输过程会导致高功耗和组件加热。因此，高压电缆设计过程中要考虑承受较高的温度。目前，新能源汽车常规电缆的额定温度达到 105℃ 就足够了，发动机、电机和电池侧面的电缆需要满足 125℃ 或 150℃ 的高温。

4）工作寿命

在汽车行业通常制订的温度等级中，电缆设计的使用寿命为 3000 h。在公认的电缆标准中，此值通常用于长期老化试验。在高压应用领域的特殊要求可超过 3000 h，在规定的温度累计运行时间内甚至可达到 12 000 h。

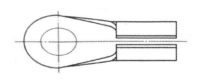

项目六　汽车电路图识读

姓名		班级		日期	

4. 导线接头

1) 导线接头的技术要求

导线接头外观如图 6-1-10 所示，具体技术要求如下：

(1) 接头表面应整洁、无毛刺和突起。

(2) 接头应能保证装到导线或电器上时不出现断裂或裂纹。

(3) 接头应用压接、熔焊、冷挤、锡焊或相互组合的方法装到导线线芯上。线芯截面积为 2.5 mm² 及以下的导线的接头必须夹住导线的绝缘体。

(4) 接头必须经受耐潮试验而不破坏其接触可靠性。

(5) 接头在导线上的结合牢固性应符合下列规定：① 对于截面积为 0.5～0.75 mm² 的导线，应能承受不小于 79 N 的静拉力；② 对于截面积为 1～6 mm² 的导线，应能承受不小于 118 N 的静拉力；③ 对于截面积为 6 mm² 以上的导线，应承受不小于 176 N 的静拉力。

图 6-1-10　导线接头

2) 导线接头的应用举例

(1) 蓄电池导线的接头。汽车用蓄电池导线的接头分为 A 型、B 型、C 型，如图 6-1-11 所示。A 型、B 型接头为压铸铜合金材质，C 型接头为铜板材质。

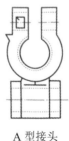
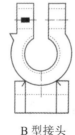

A 型接头　　　　　　　　　　B 型接头　　　　　　　　　　C 型接头

图 6-1-11　A 型、B 型、C 型蓄电池导线的接头

项目六　汽车电路图识读

姓名		班级		日期	

(2) 点火线导线接头。该导线接头如图 6-1-12 所示。

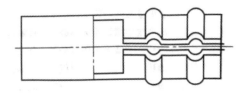

图 6-1-12　点火导线接头

(3) 低压导线接头。该导线接头如图 6-1-13 所示。导线接头按其外形可分为圆形、叉形、横置叉形 3 种。

图 6-1-13　低压导线接头

5. 插接器

插接器通常由插头和插座组成,用于线束与线束或导线与导线的相互连接。为了防止插接器在车辆行驶过程中脱开,所有的插接器均采用闭锁装置。

1) 插接器的识别方法

插接器的符号和实物对照如图 6-1-14 所示。符号涂黑的表示插头,白色的表示插座,带有倒角的表示针式插头。

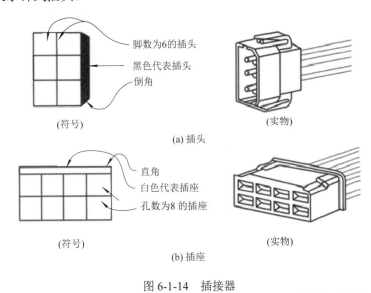

图 6-1-14　插接器

项目六 汽车电路图识读

姓名		班级		日期	

2) 插接器的连接方法

插接器接合时，应把插接器的导向槽重叠在一起，使插头和插孔对准，然后平行插入即可十分牢固地连接在一起。插接器的连接方法如图 6-1-15 所示。例如 A 线的插孔①与 a 线的插头①是配合的，其余以此类推。

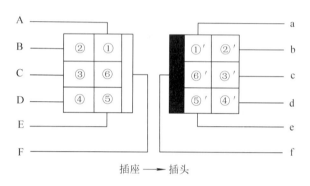

图 6-1-15　插接器的连接方法

3) 插接器的拆卸方法

在断开插接器时，要先解锁闭锁，抓住插接器拉开即可。注意不要抓住导线拉。拆卸示意如图 6-1-16 所示。

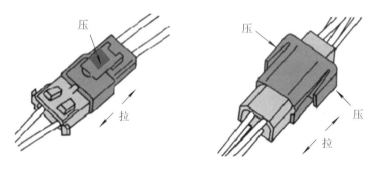

图 6-1-16　插接器的拆卸

6. 中央配电盒

中央配电盒又称为熔断器/继电器盒，是一个多功能电子化控制器件。它将全车的大多数熔断器、断路器、继电器集中在一起，是整车电路的控制中心。使用中央配电盒能实现集中供电，减少接线回路，简化线束，减少插接件，节省空间，减小整车质量等功能。

项目六　汽车电路图识读

姓名		班级		日期	

图 6-1-17 所示是比亚迪秦 Pro EV 的主中央配电盒，它位于前机舱内，其上集中了多个熔断器和继电器。

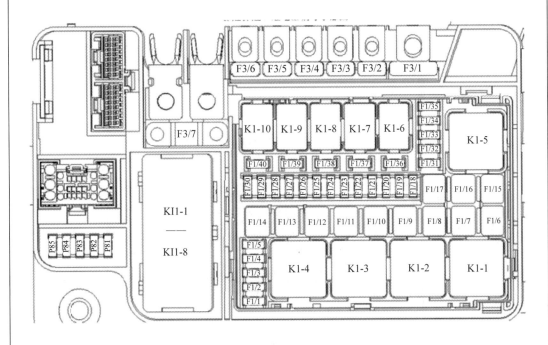

图 6-1-17　比亚迪秦 Pro EV 的主中央配电盒

三、汽车电路图和分类

用于表述汽车内部电路的电路图种类繁多，不同车型的汽车电路图也存在较大差异，但归纳起来汽车电路图主要有接线图、电路原理图和线束图等。

1. 接线图

接线图是指专门用来标记电器安装位置、外形、线路走向等的指示图。它是按照电气设备在汽车上的大致安装位置来绘制的电路图。为了尽可能接近实际情况，图中的电器不用图形符号表示，而用该电器的外形轮廓或特征表示。在图上尽量将线束中同路的导线画在一起，这样汽车接线图就较明确地反映了汽车实际的线路情况，查找时，导线中间的分支、接点很容易找到，为安装和检测汽车电路提供方便。但因其线条密集，纵横交错，印

姓名		班级		日期	

制版面小，则不易分辨；印制版面过大，则印装受限制，识图、画图费时费力，不易抓住电路的重点、难点，给读图、查找、分析故障带来不便。因此，在电气系统复杂程度不高的情况下经常采用接线图。图 6-1-18 所示为某车型的启动机接线图。

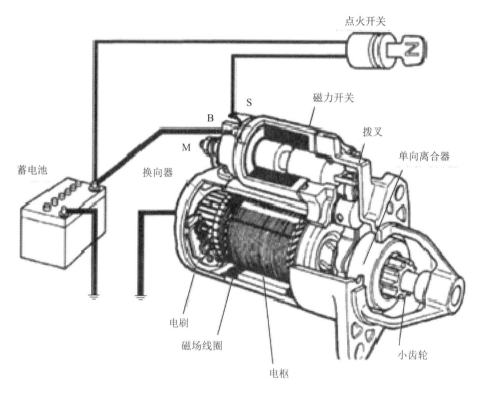

图 6-1-18　某车型启动机接线图

2. 线束图

线束图表明了电路线束与各用电器的连接部位、接线柱的标记、线头、插接器的形状及位置等。从线束图中可以了解到线束的走向，并可以通过露在线束外面的线头与插接器的详细编号或字母标记得知线束各插接器的位置。线束图常用于汽车制造厂总装线和修理厂的线束连接、检修、配线和更换。目前，汽车制造商为了便于用户在使用、维修过程中进行检查、测试，还往往在维修手册中给出有关电器的安装位置图、线束图解。线束图与电路原理图、接线图结合起来使用，具有很强的参考价值。图 6-1-19 所示是比亚迪秦 Pro EV 左前门的线束图。

项目六　汽车电路图识读

姓名		班级		日期	

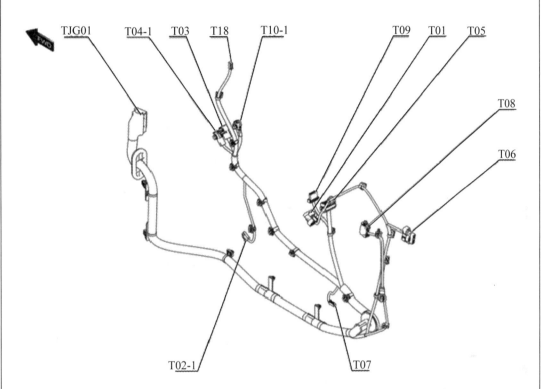

TJG01—接仪表线束 GJT01；T04-1—接左侧摄像头；T03—接左外后视镜；
T18—接防盗指示灯；T10-1—接左前门高音扬声器；T09—接左前窗控开关；
T01—接玻璃升降电机；T05—接左前窗控开关 A；T08—接门把手微动开关；
T06—接左前门锁；T07—接左前门灯；T02-1—接左前门扬声器。

图 6-1-19　比亚迪秦 Pro EV 左前门线束图

3. 原理框图

原理框图是用框图的形式来表达工作原理的配图，它的作用在于能够清晰地表达比较复杂的原理。由于汽车的电气系统较为复杂，为概略地表示各个汽车电气系统或分系统的基本组成、相互关系及其主要特征，常采用原理框图。原理框图所描述的对象是系统或分系统的主要特征，不必画出元器件与它们之间的具体连接情况，它对内容的描述是概略的，但对于汽车电路的分析和维修有很大的帮助。原理框图通常采用方框符号或者带注释的框绘制。带注释的框应用比较广泛，其框内的注释可以是文字，可以是符号，也可以同时是文字和符号。图 6-1-20 所示为新能源汽车的原理框图。

项目六　汽车电路图识读

姓名		班级		日期	

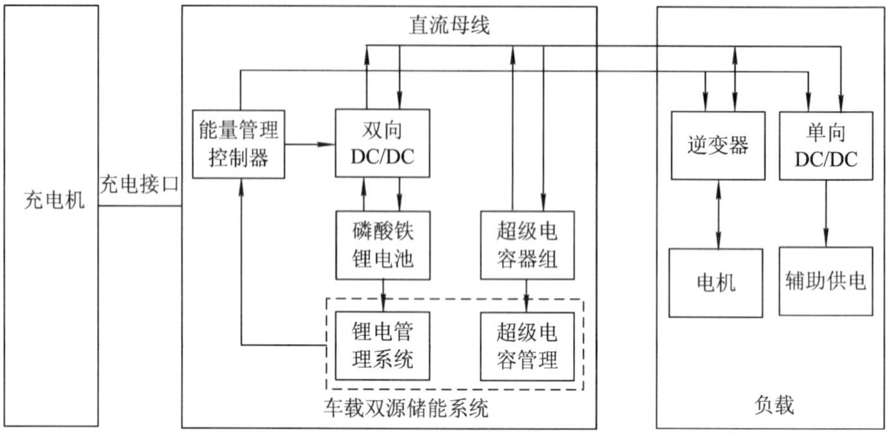

图 6-1-20　新能源汽车原理框图

4. 电路原理图

电路原理图是利用电气符号将每一个系统合理地连接起来,能简明清晰地反映汽车电路构成,连接关系和工作原理,而不考虑其实际安装位置的一种简图。其优点是图画清晰、简单明了、通俗易懂,便于分析、查找电路故障。电路原理图分为整车电路原理图和局部电路原理图。

(1) 整车电路原理图。为了需要,常常要尽快地找到某条电路的始末,以便分析确定有故障的路线。在分析故障原因时,不能孤立地仅局限于某一部分,而要将这一部分电路在整车电路中的位置及与相关电路的联系都表达出来。

(2) 局部电路原理图。为了弄清汽车电器的内部结构以及各个部件之间相互连接的关系,弄懂某个局部电路的工作原理,常从整车电路图中抽出某个需要研究的局部电路,参照其他详细的资料,必要时根据实地测绘、检查和试验记录,将重点部位进行放大、绘制并加以说明。图 6-1-21 所示为比亚迪秦 Pro EV 车型电机控制器的电路原理图。

5. 汽车电路图符号

汽车电路图是利用图形符号和文字符号表示汽车电路的构成、连接关系和工作原理,而不考虑其实际安装位置的一个简图。为了使电路图具有通用性,便于进行技术交流,构成电路图的图形符号和文字符号不是随意的,它有统一的国家标准和国际标准。要看懂电路图,必须了解电路图形符号和文字符号的含义、标注原则和使用方法。电路图形符号是用于电气图或其他文件中的表示项目或概念的一种图形、标记或字符,是电气技术领域中最基本的工程语言。因此,为了看懂汽车电路图,我们要掌握并熟练运用电路图形符号。常用的电路图形符号如图 6-1-22 所示。

项目六 汽车电路图识读

姓名		班级		日期	

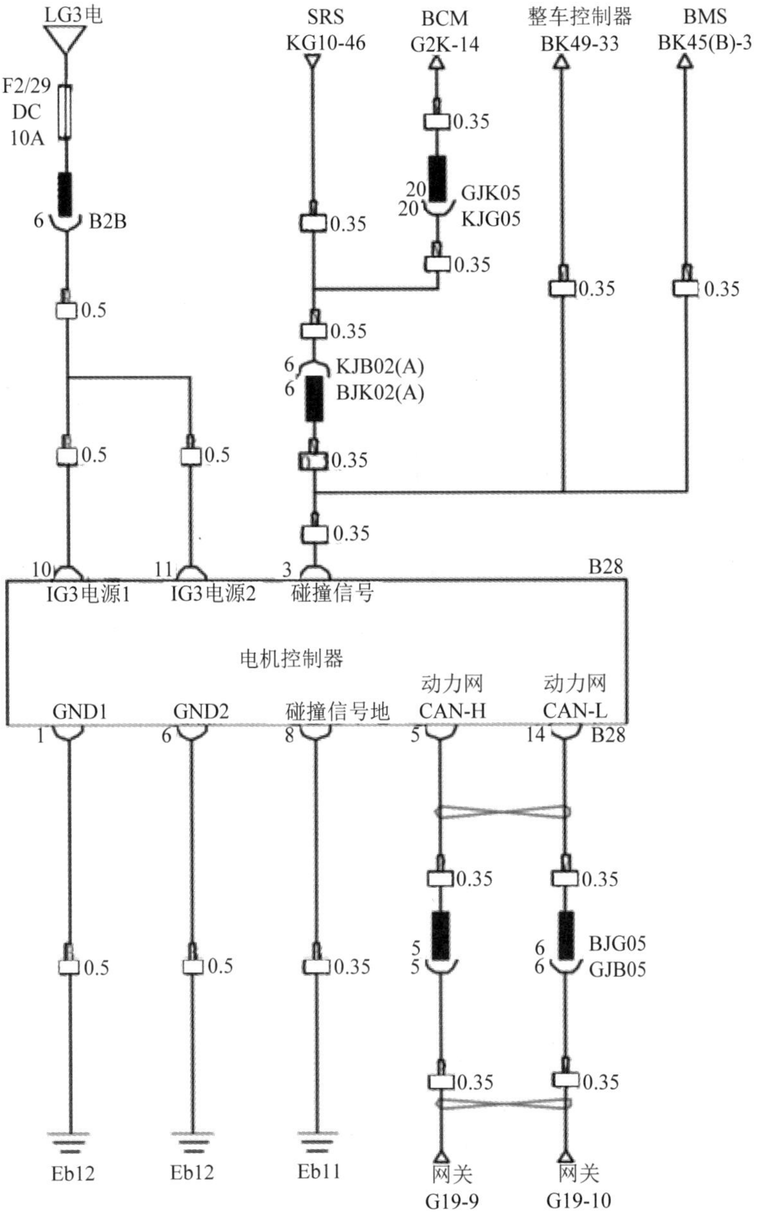

图 6-1-21 比亚迪秦 Pro EV 车型电机控制器的电路原理图

项目六　汽车电路图识读

姓名		班级		日期	

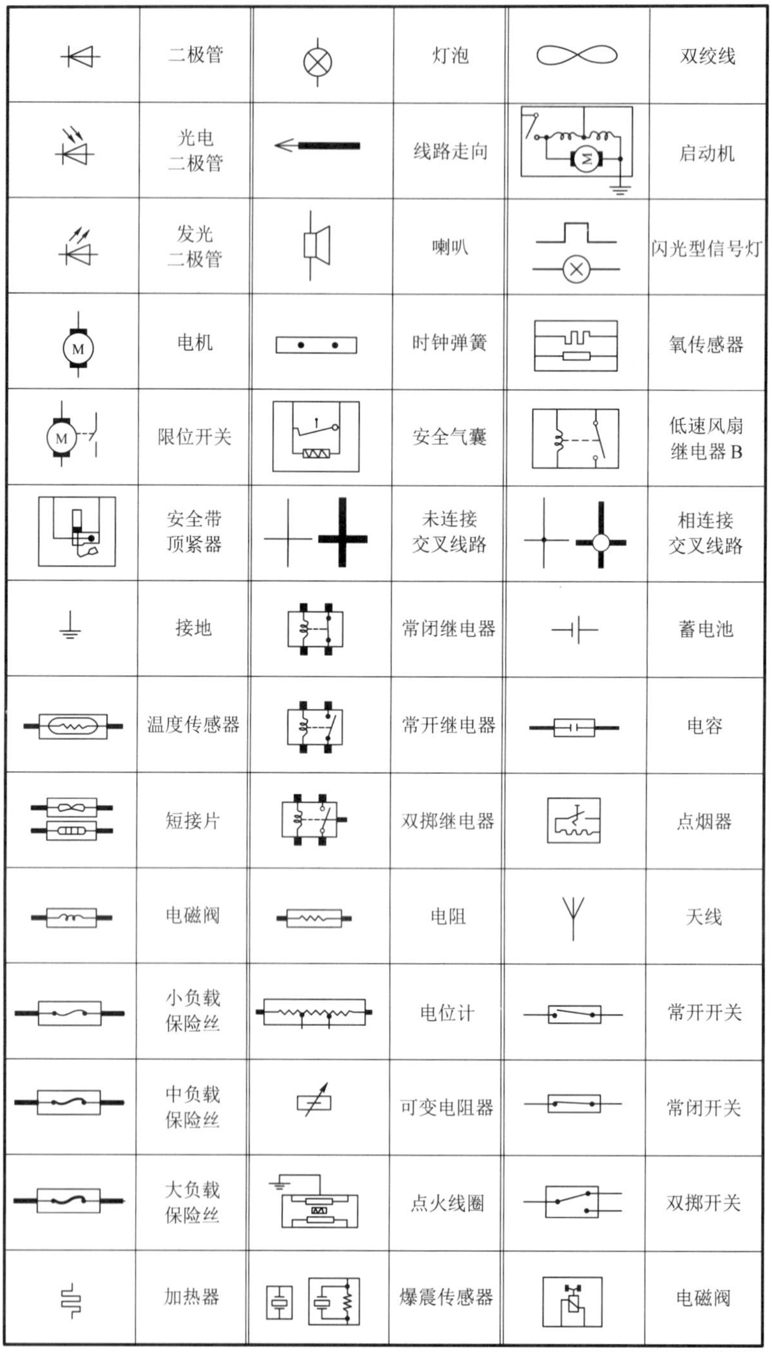

	二极管		灯泡		双绞线
	光电二极管		线路走向		启动机
	发光二极管		喇叭		闪光型信号灯
	电机		时钟弹簧		氧传感器
	限位开关		安全气囊		低速风扇继电器B
	安全带顶紧器		未连接交叉线路		相连接交叉线路
	接地		常闭继电器		蓄电池
	温度传感器		常开继电器		电容
	短接片		双掷继电器		点烟器
	电磁阀		电阻		天线
	小负载保险丝		电位计		常开开关
	中负载保险丝		可变电阻器		常闭开关
	大负载保险丝		点火线圈		双掷开关
	加热器		爆震传感器		电磁阀

图 6-1-22　常用的电路图形符号

项目六 汽车电路图识读

姓名		班级		日期	

任务二 汽车电路图的识读方法

 任务目标

知识与技能目标

- ✓ 掌握电器连接简图的意义及其在车辆上的运用。
- ✓ 掌握布线图的特点、绘制原则及其在车辆上的运用。
- ✓ 掌握电路原理图的特点、绘制方法及其在车辆上的运用。
- ✓ 掌握线束图的特点、绘制方法及其在车辆上的运用。

过程与目标方法

- ✓ 具备从多途径的信息源中检索专业知识的能力。
- ✓ 获得分析问题和解决问题的一些基本方法。
- ✓ 尝试多元化思考解决问题的方法，形成创新意识。
- ✓ 能充分运用所学的知识解决实训问题，具备较强的应用意识和实践能力。
- ✓ 可积极主动与小组成员交流、讨论学习成果，取长补短，完成自我提升。

情感、态度和价值观目标

- ✓ 能严格遵守岗位操作规程，确保工具、设备和自身的安全。
- ✓ 具备良好的职业道德，尊重他人劳动，不窃取他人成果。
- ✓ 养成定期反思与总结的习惯，改进不足，精益求精。
- ✓ 具有良好的团队协作精神和较强的组织沟通能力。
- ✓ 通过认识触电事故的危害，树立安全第一的意识。

项目六　汽车电路图识读

姓名		班级		日期	

 任务导入

　　汽车电器在汽车中所占比例越来越大，对电器的维修也显得尤为重要，所以正确地阅读和使用汽车电路图是电器维修工作中的关键，它可以指引我们用正确的方法和思路进行维修，减少维修工作中因失误或误操作而引起的对人或车辆的损伤。虽然不同品牌汽车电路图的绘制风格各不相同，给识读带来许多不便，但是其原理都基本相同。通过本任务的学习，了解汽车电路图的识读过程；掌握汽车电路图的基本识读方法；学会对汽车电路进行分析。

新能源汽车高压
互锁回路的验证

 任务书

　　＿＿＿＿＿＿是一名新能源汽车维修学员。新能源汽车维修工班＿＿＿＿＿组接到了新能源汽车电路识读的学习任务。面对错综复杂的汽车电路图，应该怎么清晰、快速、准确地找到我们需要的电路呢？

 任务分组

班级		组号		指导老师	
组长		学号			
组员	姓名：　　　　　　学号： 姓名：　　　　　　学号： 姓名：　　　　　　学号： 姓名：　　　　　　学号：		姓名：　　　　　　学号： 姓名：　　　　　　学号： 姓名：　　　　　　学号： 姓名：　　　　　　学号：		
任 务 分 工					

项目六　汽车电路图识读

姓名		班级		日期	

获取信息

一、汽车电路图识读

1. 基础入手

汽车的很多系统中都使用电气设备,这些电气设备提供各种功能。如图 6-2-1 所示,一个基本电路由电源、开关、导线及灯泡等组成。可以从电工电子等基础知识开始学习,掌握直流、交流电路的基础知识。了解蓄电池、启动机、发电机及其调节器、继电器、开关等部件的基本原理,然后掌握电源电路、启动电路、灯光照明电路等单元电路的工作情况。

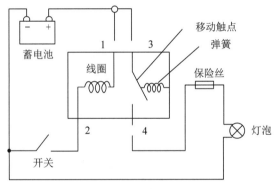

图 6-2-1　基本电路

2. 寻求共性

现代汽车电器与电子设备虽然种类繁多,功能各异,但其线路都应遵循一定的原则,了解这些原则对进行汽车电路分析是很有帮助的。从汽车电路的组成可以分析出电源及接线方法的特征:

(1) 低压。汽车电气系统的额定电压有 12 V 和 24 V 两种。汽油车普遍采用 12 V 电源,柴油车多采用 24 V 电源。

(2) 直流。发动机启动由蓄电池供电,而蓄电池充电又必须用直流电源,所以汽车电气系统为直流系统。

(3) 单线制。单线连接是汽车线路的特殊性,它是指汽车上所有电气设备的正极均采用导线相互连接,而所有的负极则直接或间接地通过导线与车架或车身金属部分相连,即搭铁。任何一个电路中的电流都是从电源的正极出发经导线流入用电设备后,再由电气设备自身或负极导线搭铁,通过车架或车身流回电源负极而形成回路。由于单线制导线用量

项目六　汽车电路图识读

姓名		班级		日期	

少，线路清晰，接线方便，因此广为现代汽车所采用。

(4) 并联连接。各用电设备均采用并联连接，汽车上的两个电源(蓄电池与发电机)之间以及所有用电设备之间都是正极接正极、负极接负极，并联连接。由于采用并联连接，所以汽车在使用中，当某一支路用电设备损坏时，并不影响其他支路用电设备的正常工作。

(5) 负极搭铁。采用单线制时蓄电池的一个电极需接至车架或车身上，俗称"搭铁"。蓄电池的负极接车架或车身称为负极搭铁。负极搭铁对车架或车身金属的化学腐蚀较轻，对无线电干扰小。

(6) 设有保护装置。为了防止因短路或搭铁而烧坏线束，电路中一般设有保护装置，如熔断器、易熔线等。汽车电路的组成与特点、各种汽车电路图的绘制方式和特点、汽车电路的连接原则等均属于汽车电路的共性，是识读汽车电路图的基础。以这些共性为指导，既可以了解各种型号汽车的电路，又可以发现更多的共性以及各种车型之间的差异。

3. 区分差异

对于不同品牌的不同车型，各汽车厂商的电路图形符号、标注差异较大，画法也不相同，在识读时应注意区分，寻找它们各自电路的特点和相互间的差异。特别对于容易混淆的部分，更应注意。

4. 循序渐进

先看全图，把一个个单独的系统框出来。一般来讲，各电气系统的电源和电源总开关是公共的，任何一个系统都应该是一个完整的电路，都应遵循回路原则。从学会识读电源电路、启动电路、点火电路、灯光照明、仪表电路、信号电路、刮水洗涤电路等传统基础单元电路入手，逐渐识读电子控制电路，这样由简到繁，整理归纳，逐步提高。

5. 举一反三

通过对典型电路的分析，达到触类旁通。许多车型汽车电路原理图其很多部分都是类似或相近的，工作中要举一反三，对照比较，触类旁通。可以掌握汽车的一些共同的规律，再以这些共性为指导，了解其他型号汽车的电路原理，又可以发现更多的共性以及各种车型之间的差异。

6. 化整为零

有的汽车电路图上线条密集交错，易使识读分析出错，有条件的话，可尝试参考有关资料和实物把原车线路图按系统改画成不同的单元电路原理图。分析各系统的工作过程、相互间的联系。在分析某个电气系统之前，要清楚该电气系统所包含的各部件的功能、作用和技术参数等。在分析过程中应特别注意开关、继电器触点的工作状态，大多数电气系统都是通过开关、继电器不同的工作状态来改变回路，实现不同功能的。对于整车电路图的识读分析，也可以仿照上述方法化整为零，化全车整体图为系统部分图以方便识读。

姓名		班级		日期	

对于各系统单元电路图，同样可以采取各个击破的办法进行识读。例如，电子控制系统电路，就可以分成发动机电子控制系统、自动变速器电子控制系统、制动防抱死电子控制系统等电路；发动机电子控制系统又可以分为燃油喷射控制、点火控制、排放控制等不同电路，逐一进行阅读分析；同时，还应注意各系统单元电路之间的相互关系和相互影响，以便合零为整。

7. 先易后难

在一张电路图中，一定存在着某些局部电路复杂一时难以看懂的电路，这时可以放弃该部分电路，先从简单易懂的电路看起。等别的地方的电路都看懂后，再结合已看懂的电路来重点分析剩余的难懂电路。这样既缩短了读图时间，又提高了读图的准确性。

8. 寻找资料

由于新的电气设备和新的控制技术不断出现并在汽车上广泛应用，因此同一车型的电路图会发生很大的变化。在看不懂汽车电路图的时候，应善于向能读懂汽车电路图的人员请教，同时，还要查阅相关资料，直到把电路图读懂弄明白为止。注意多查找收集相关资料，深入研究典型汽车的电路，特别要注意积累实际工作经验。

熟练掌握汽车专业英语，据此可以快速判定一些进口车型电路图中的接线端子上的缩略语的含义，便于全面快捷地理解电器的工作原理。这也是目前困扰广大汽车检修人员的一个难题，许多教材和专业书籍中都存在着一些缩略语无明确解释的情况，这严重影响了读者识图。

9. 熟记汽车各系统电路之间的相互关系

从整车电路来看，汽车各系统电路之间除了电源电路是共用的外，其他各系统电路都是相互独立的，但它们之间也存在着某种内在联系。因此在阅读汽车电路图时，不但要熟悉汽车各系统电路的组成、特点、工作过程和电流，还要了解汽车各系统电路之间的联系和相互影响，这是迅速找出故障部位，排除故障的必要条件。

10. 阅读图注

汽车电路图中所有电气设备的名称及其代号都是以图注的形式标注的。因此在阅读汽车电路图时，通过阅读图注，可以初步了解该车都装配了哪些电气设备，然后通过电气设备的代号在电路图中找到该电气设备，再进一步找出这些电气设备间的连接关系和控制关系。这样就可以大体上了解汽车电路的构成、特点和工作原理，再进一步分析就可以读懂汽车电路图了。

要读懂汽车电路图，首先必须掌握汽车电路中各个电气设备的基本功能和工作原理。在大概掌握全车电路基本工作原理的基础上，再把一个个单独的电气系统划出来，这样就容易抓住每个系统的主要功能、工作原理和特点。

项目六　汽车电路图识读

姓名		班级		日期	

在划出每个系统的电路图时，应注意既不能漏掉系统中的电气设备，也不能多划其他系统的电气设备。在划电气系统的电气设备时，可参考下面的原则：

(1) 汽车上各电气系统只有电源和配电系统是共用的，其他任何一个系统都应是一个完整的独立的电路回路，即包括电源、控制开关、熔断器、用电设备、导线等。

(2) 电路图中，电气设备能够构成从蓄电池正极经导线、开关、熔断器、用电设备、接地，最后回到蓄电池负极，构成完整的电流回路。若所划出的电路不符合上面的原则，则说明所划出的电路存在错误，应进行重新分析和划分。

二、汽车电路原理图的识读方法

汽车线路一般采用单线制、用电设备并联、负极搭铁、线路有颜色和有编号加以区分，并以点火开关为中心将全车电路分成几条主干线，即蓄电池火线、附件火线、钥匙开关火线等。

1. 蓄电池火线

蓄电池火线是指从蓄电池正极引出直通熔断器盒的那根电线，也有汽车的蓄电池火线接到启动机火线接线柱上，再从那里引出较细的火线。

2. 钥匙开关火线

钥匙开关火线指点火开关在 ON 挡或 START 挡才有电的电线，必须有汽车钥匙才能接通点火系统、预充磁、仪表系统、指示灯、信号系统、电子控制系统等重要电路。

3. 专用线

专用线用于发动机不工作时需要接入的电器，如收放机、点烟器等。点火开关单独设置一个挡位予以供电，但发动机运行时收音机等仍需接入和点火仪表、指示灯等同时工作，所以点火开关触刀与触点的接触结构要做特殊设计。

4. 启动控制线

启动机主电路的控制开关(触盘)常用磁力开关来通断。磁力开关的吸引线圈、保持线圈可以由点火开关的启动挡控制。

5. 搭铁线

汽车电路中，以元件和机体(车架)金属部分作为一根公共导线的接线方法称为单线制，将机体与电器相接的部位称为搭铁或接地。搭铁点分布在汽车全身，由于不同金属相接(如铁、铜与铝、铅与铁)形成电极电位差，有些搭铁部位容易沾染泥水、油污或生锈，有些搭铁部位是很薄的钣金件，都可能引起搭铁不良，如灯不亮、仪表不起作用、喇叭不

项目六　汽车电路图识读

姓名		班级		日期	

响等。要将搭铁部位与火线接点同等重视，所以现代汽车局部采用双线制，设有专门公共搭铁接点，编绘专门搭铁线路图。为了保证启动时减少线路接触压降，蓄电池极桩夹头、车架与发动机机体都接上大截面积的搭铁线，并将接触部位彻底除锈、去漆、拧紧。

三、了解汽车电路图的一般规律

(1) 电源部分到各熔断器或开关的导线是电气设备的公共火线，在电路原理图中一般画在电路图的上部。

(2) 标准画法的电路图中，开关的触点位于零位或静态，即开关处于断开状态或继电器线圈处于不通电状态，晶体管、晶闸管等具有开关特性的元件的导通与截止视具体情况而定。

(3) 汽车电路的特点是双电源、单线制，各电器相互并联，继电器和开关串联在电路中。

(4) 大部分用电设备都经过熔断器，受熔断器的保护。

(5) 整车电路按功能及工作原理划分成若干独立的电路系统，这样可解决整车电路庞大复杂、分析困难的问题。现在汽车整车电路一般都按各个电路系统来绘制，如电源系、启动系、点火系、照明系、信号系等，这些单元电路都有着自身的特点，抓住特点把各个单元电路的结构、原理吃透，理解整车电路也就容易了。

(6) 认真阅读图注、了解电路图的名称、技术规范，明确图形符号的含义，建立元器件和图形符号间一一对应的关系，这样才能快速准确地识图。

四、掌握回路

在电学中，回路是一个最基本、最重要，同时也是最简单的概念，任何一个完整的电路都由电源用电器、开关、导线等组成。对于直流电路而言，电流总是要从电源的正极出发，通过导线、熔断器、开关到达用电器，再经过导线(或搭铁)回到同一电源的负极。在这一过程中，只要有一个环节出现错误，此电路就不会正确、有效。例如：从电源正极出发，经某用电器(或再经其他用电器)，最后又回到同一电源的正极，由于电源的电位差(电压)仅存在于电源的正、负极之间，电源的同一电极是等电位的，没有电压，所以这种"从正到正"的途径是不会产生电流的。

在汽车电路中发电机和蓄电池都是电源，在寻找回路时，不能混为一谈。不能从一个电源的正极出发，经过若干用电设备后，回到另一个电源的负极。这种做法不会构成一个真正的通路，也不会产生电流。所以必须强调回路是指从一个电源的正极出发，经过用电器，回到同一电源的负极。

	项目六　汽车电路图识读				

姓名		班级		日期	

五、熟悉开关的作用

开关是控制电路通、断的关键。电路中主要的开关往往汇集许多导线，如点火开关、车灯总开关等，读图时，应注意与开关有关的五个问题：

(1) 在开关的许多接线柱中，注意哪些是接启动电源，哪些是接用电器的。接线柱旁是否有接线符号，这些符号是否常见。

(2) 开关共有几个挡位，在每个挡位中，哪些接线柱通电，哪些断电。

(3) 蓄电池或发电机电流是通过什么路径到达这个开关的，中间是否经过别的开关和熔断器，这个开关是手动的还是电控的。

(4) 各个开关分别控制哪个用电器。被控用电器的作用和功能是什么。

(5) 在被控的用电器中，哪些电器处于常通，哪些电路处于短暂接通，哪些应先接通，哪些应后接通，哪些应单独工作，哪些应同时工作，哪些电器允许同时接通。

六、识图的一般方法

(1) 先看全图，把单独的系统框出来。一般来讲各电气系统的电源和电源总开关是公共的。任何一个系统都应该是一个完整的电路，都应遵循回路原则。

(2) 分析各系统的工作过程、相互间的联系。在分析某个电气系统之前，要清楚该电气系统所包含各部件的功能、作用和技术参数等。在分析过程中，应特别注意开关、继电器触点的工作状态，大多数电气系统都是通过开关、继电器不同的工作状态来改变回路从而实现不同功能的。

(3) 通过对典型电路的分析，起到触类旁通的作用。不同类型汽车的电路原理图，很多部分都是类似或相近的。这样，通过一个具体的例子，举一反三，对照比较，触类旁通，可以掌握汽车一些共同的规律；再以这些共性为指导，既可了解其他型号汽车的电路原理，又可以发现更多的共性以及各种车型之间的差异。汽车电器的通用性和专业化生产使同一国家汽车的整车电路形式大致相同，如果掌握了某种车型电路的特点，就可以大致了解相应车型或合资企业的汽车电路的特点。因此，抓住几个典型电路，掌握各系统的接线特点和原则，对于了解其他车型的电路大有好处。

七、识图的一般要点

(1) 纵观"全车"，眼盯"局部"，由"集中"到"分散"。全车电路一般都是由各个局部电路所构成的，它表达了各个局部电路之间的连接和控制关系。要把局部电路从全车总图中分割出来，就必须掌握各个单元电路的基本情况和接线规律。

项目六　汽车电路图识读

姓名		班级		日期	

看电路要以其自身的特点为指导，分解并研究全车电路。这样做会少一些盲目性，能较快速、准确地识读汽车电路图。开始时，必须认真研读几遍图注，对照线路图查看电器在车上的大概位置、数量及用途。如果有新颖独特的电器，应加倍注意。

(2) 抓住"开关"的作用——所控制的"对象"。开关是控制电路通断的关键，特别注意继电器不但是控制开关也是被控制对象。

(3) 寻找电流的"回路"和控制对象的"通路"。回路是最简单的电气学概念。无论什么电器，要想正常工作(将电能转换为其他形式的能量)，必须与电源(发电机或蓄电池)的正、负两极构成通路，即从电源的正极出发→通过用电器→回到同一电源的负极。这个简单而重要的原则无论在读什么电路图时都是必须用到的，在读汽车电路时，却往往被忽略，理不出头绪来。

八、比亚迪车型电路图的识读

比亚迪汽车整车电路原理图根据功能不同分为各个单元电路，在电路图的上方标出该单元电路的名称。每个单元电路都连同电路一起画出，使各个单元电路既能清晰地表达出独立的电路回路，又能反映出彼此间构成整车电路的关系。

电路中一般直接标示出元件的名称，导线颜色则用相应字母表达，部分电气元件还画出了内部电路，使识图更为方便。

下面以电机控制器系统电路(见图 6-2-2)为例，进行比亚迪汽车整车电路原理图识图。

系统名称：电机控制器系统。

线束连接器编号：B28。

部件名称：电机控制器。

显示此电路连接的相关系统信息。

插头间连接采用实线表示，并用灰色阴影覆盖，用于与物理线束进行区别。物理线束用粗实线表示，颜色与实际导线一致。

显示导线颜色，颜色代码见表 6-1-3。

显示插接器的端子编号，注意相互插接的线束连接器端子编号顺序互为镜像。

接地点编号，序列编号以 Eb 开头。接地点位置详见对应线束图。

保险丝由保险丝代码和序列号组成，代码一般为 F，保险丝编号可参见保险丝列表。

继电器由继电器代码和序列号组成，代码一般为 K，继电器编号可参见继电器列表。

电路线与线之间使用 8 字形标识，表示此电路为双绞线，主要用于传感器的信号电路与数据通信电路。图 6-2-2 中电机控制器 B28 端子的 5 号和 14 号线束连接网管 G19 端子的 9 号和 10 号线束。

项目六　汽车电路图识读

姓名		班级		日期	

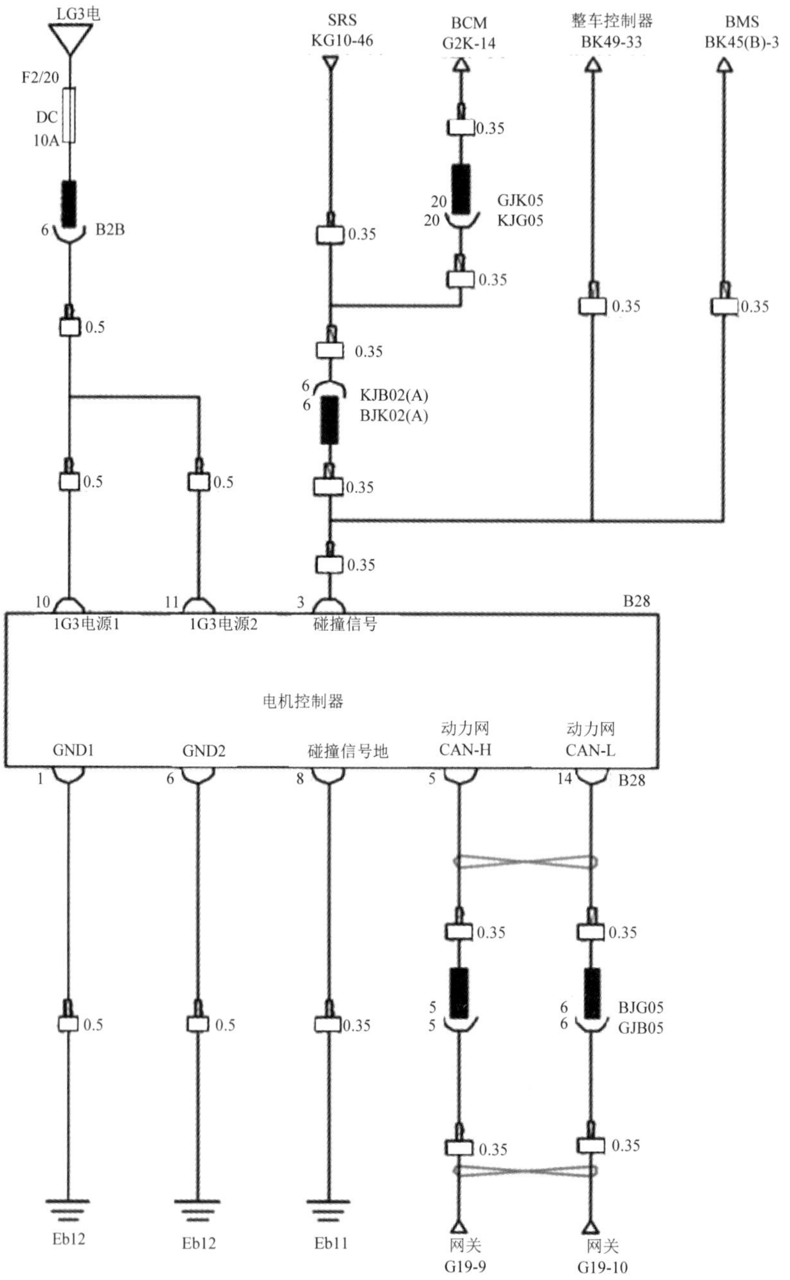

图 6-2-2　电机控制器系统电路